Spiritual Culture
青心文化

在阅读中疗愈·在疗愈中成长

READING&HEALING&GROWING

全新修订本

你值得过
更好的生活

Busting Loose from the
Money Game:

Mind-blowing Strategies for Changing
the Rules of a Game You Can't Win

［美］罗伯特·沙因费尔德（Robert Scheinfeld）—著

胡尧—译

中国青年出版社

致 谢

本书的诞生，离不开一些人的帮助、影响和灵感。想要向每一位对本书有贡献的人表示感谢似乎不太可能，不过我要特别感谢下面提到的这些人。

首先，我要感谢我的好朋友兼导师宝·威，他是一位人类游戏大师，在他的庇护和支持下，我得以睿智地、完美地、华丽地深入到第二阶段中。他是一位极其注重个人隐私的人，根据我们的协定，我不便透露他的真实姓名。但是，我还是要表示感激之情，如果没有他的帮助，就不会有本书的诞生，这些你将在后续的章节中读到。

其次，言语或许不足以表达我对阿诺德·帕滕特的感谢，他向我展示了许多威力巨大的拼图碎片，并支持我华美地开启真实的自我。阿诺德，你的恩情我没齿难忘。

我还想对好朋友约翰·德尔马蒂尼医生表示感谢，你让我大开眼界，并且给我打气，让我对你分享的许多科学洞见有了更深的理解。

我还要感谢阿米特·戈斯瓦米、琳内·麦克塔格特和迈克尔·塔尔伯特，他们的书籍为我提供了部分的拼图碎片，让我对此有了更清晰的认知。

还要特别感谢我的好朋友戴尔·诺瓦克，他制作了本书中漂亮的示意图，还有非凡的设计师沃恩·戴维森，他设计了本书令人震撼的封面以及我网站上的图片。如果你喜欢他的风格，需要制作类似的封面，或制作网页，你可以联系沃恩：vaughan@kilercovers.com。

我还得深深感谢我的编辑理查德·纳朗莫尔，他对我和这个工程非常信任，并且支持和雕琢这个你将体验到的创造物。

最后，在提到我的"美人"（我的妻子塞西丽）和我的两个孩子（阿里和艾丹）时，不能不让我想到"灵感"一词，他们让我在日常生活中充满感动，巧妙地帮助我开启了生命中更多的丰盛、喜悦和感恩。

目 录

2016 年新版作者序

再次通往财富的旅程 /

自《你值得过更好的生活》出版后的九年里，它在帮助全球各地包括中国的人们的重任中，扮演了一个关键角色：

1. 了解那些决定他们日常生活的无形力量；
2. 了解为什么那么多的自助和成功技巧无法带来结果；
3. 用一种根本不同的方法去获得一贯和持久的结果；
4. 将有限和局限性的谎言、幻象和故事替换为对真相和自由的直接体验；
5. 在他们的生命里体验真富裕和真丰盛。

在你开始阅读的旅程前，我想额外分享一些想法，以便帮助你从本书中获得最大的收益。我会从一个清晰简单的背景谈起。

从我个人与全球成千上万的人一起工作过的经验来看，人们想要改变、修正或改善自身生活，包括财务状况时，会呈现一种可预见的模式。

我的个人看法是，大多数人都倾向于采取我如下所述的一个或多个层次，以及每个层次中一个或多个选项的行动，或者有时只是顺序稍有不同。

我本可以就这个写一整本书，但是就我们此刻的目的，我还是力求简洁和简单。

第一层我称之为"可见层"。在本层，我们用不同的技巧、策略和方法、行为，采取看得见的行动，例如：

1. 设定目标和意图；

2. 将每月收入中的一定比例储蓄；

3. 用多种策略投资金钱；

4. 在事业中用销售和营销策略来增加销量和利润；

5. 提升效能和产能；

6. 节食和锻炼；

7. 压力管理；

8. 更多……

有些人只在可见层工作，就能获得一贯和持久的结果。

然而，绝大多数人却做不到，或者如果当他们在自身的某一领域，如财务领域，取得成果时，他们却在生活的其他领域面临问题或经历痛苦和挣扎。

如果人们在可见层工作，无法获得所渴望的一贯和持久的结果，他们就倾向于挪进我称之为隐形一层的层面。隐形一层包括通常称之为无意识心智、潜意识心智和大脑。

在隐形一层，我们被给予了众多用于帮助我们改变信念，建立新信念，疗愈情绪或心理创伤，改变我们大脑回路，或改变所谓的潜意识或无意识程序和状态的方法。

有些人只在隐形一层工作，就能获得一贯和持久的结果。

然而，绝大多数人却做不到。尽管他们使用着隐形一层的技巧，他们仍然在生活的某个或多个领域里挣扎着。

当人们在隐形一层工作，无法获得所渴望的一贯和持久的结果时，他们就倾向于挪进我称之为隐形二层的层面。隐形二层许多人称其为玄学、神秘学，或灵修，需要用许多技巧去显化或吸引你所渴望的结果。

有些人只在隐形二层工作，就能获得一贯和持久的结果。

然而，绝大多数人却做不到。尽管他们使用着隐形二层的技巧，他们仍然在生活的某个或多个领域里挣扎着。

如果人们在隐形二层工作，无法获得所渴望的一贯和持久的结果，他们就倾向于挪进我称之为隐形三层的层面。隐形三层通常涉及称为业力和往世的东西。

隐形三层的工作方式，通常以平衡人们的业力、疗愈、转化，以及解决往世中约束和限制他们的议题为主，或让他们受苦的因，来帮助他们。

有些人只在隐形三层工作，就能获得一贯和持久的结果。

然而，绝大多数人却做不到。尽管他们使用着隐形三层的技巧，他们仍然在生活的某个或多个领域里挣扎着。

我个人的生活，是从可见层开始的，然后穿越了隐形一、二、三层。

在我穿越每一层时，我都非常用功，我都投入了大量的时间、能量和金钱在做。但我依然在挣扎，同样的限制和痛苦模式持续在金钱、事业和关系中重现，我仍然是个不开心的家伙。

接着，当我人生触底，如果事情再不发生改变，我感觉要放弃并决心去死时，我发现了隐形四层。

隐形四层在所有其他层面之下，它是大总管，决定和塑造我们生活中发生的事，包括我们在其他层面工作的事。

当你挪进隐形四层，也就是本书所要谈及的，你在隐形四层做出改变，它将改变一切，这些改变如同涟漪，穿越所有其他层面，在这个过程中，永久改变你生命中的一切。

当隐形四层深入的、巨大的工作得以完成，就开启了将谎言、幻象和故事替换为直接体验真相的大门。

那才有可能，无论在你身上或世界上发生什么，都能一直让你体验到真富裕和真丰盛。

你即将踏上深入隐形四层的旅程。

我祝愿你在隐形四层开始工作后，取得巨大的成功，拓展对真相和自由的体验。

好好享受吧!

罗伯特·沙因费尔德

美国弗吉尼亚州夏洛茨维尔

2015 年 11 月 23 日

推荐序

接受生命中理所当然的改变／

贯穿人类历史，不同时期的不同种族和不同年龄段的人们都会对某些信念或假说深信不疑，他们从未质疑过这些信念或假说的真实性和正确性。

随着历史的演变，当那些信念和假说变得不再真实了，人们不得不修正自己的观点，以接受一套新的信念和假说。

譬如，人们曾经认为这个世界是平的，但随后却发现这是错的。

人们曾经认为地球是宇宙的中心，其他星球都围绕着地球转。但随后我们发现这也是错的。

如果你钻研医学史，就会发现，那些关于"身体是如何运行、疾病是什么，以及如何治愈身体"的种种信念和假说都一再被推翻。

如果你是学科学的，无论你选择物理学、化学、生物学，还是天文学等，同样的模式都会在该学科及其分支学科里一再重复。许多的信念、假说和科学典范曾经一度被认为是绝对正确、真实和可信的，但随后都土崩瓦解了。所以，科学家们不得不持续地修正自己的理论和模型。

可想而知，如果历史是可以借鉴的，那么对这个世界而言，我们所信以为真的很多想法都是不真实的。但无论是哪个时代或年龄段的人，都会深陷在先入为主的信念和假设（通常不曾被意识到）之中，让自己对真相视而不见。

我们所有人都信以为真的一大信念和假设，就是本书作者罗伯特称之为"金钱游戏"的东西，我们对此从未质疑过。隐藏在金钱游戏下面的信念和假设，其存在的历史自金钱诞生之日起就已经存在了。事实上，它们或许是历史上幸存最久，而且从古至今丝毫未改变的信念和假设。可以说，金钱游戏就像印度圣牛那样不容侵犯。

在第一章中，作者讨论了隐藏在金钱游戏中的各种信念、假设、规则和惯例。你会发现，这些讨论内容都是人们习以为常、信以为真，并认为合情合理的种种。看到它们，你或许会喃喃自语道："这些都理所当然啊。"

不过，很快你会发现，你所知的金钱游戏的种种规则和惯例，以及隐藏在这些规则和惯例下的种种信念和假设，不论它看似多么自然又合情合理，都是假的，都是扯淡。

我大半辈子的人生都用来玩金钱游戏了。其实，早在我10

岁的时候就开始了金钱游戏，那时候我给邻居送报纸。自那时起的 6 个月内，我就用自己的小推车从附近的公园里取水，然后再把它输送到附近的邻居家里。

后来，我成了金钱游戏的高级玩家。不过，正如作者所言："如果你依循自己在成长过程中所习得的各种规则、惯例和结构来玩金钱游戏，那不论你玩得多高明，不论你在这个游戏里积攒了多少钱，你总会为此付出巨大的代价，其形式如：压力、焦虑、痛苦，失去某些重要的东西或理想破灭。"

就我的生活经历而言，尽管我取得了诸多让自己非常自豪的成就，例如《心灵鸡汤》系列以 41 种语言版本在全球卖出 1 亿册，被载入吉尼斯大全，并获得诸多荣誉和奖项。尽管这让我赚了一大笔钱，却也让我付出了很多代价。很多次，我不得不告别亲朋好友，耗费 6 个多月的时间，只为了推出下一本新书或一个新项目。

可想而知，和本书作者还有许多其他人一样，当我在金钱游戏中玩得越好，也就越渴望找到一种新的玩法，一些新的规则，让我能够创造和体验丰盛，同时也让我能玩出新花样——并且不费吹灰之力。

当时候到了，旧的信念和假说总要被新的信念和假说取代，大家总会这么说："不，那是不对的。这才是事实。"这个时候，人们总会抗拒、批评、甚至恶意攻击。但仍有一些人会倾听并探察真相，然后这样做的人愈来愈多，直到能起决定性作用的大多数人都这样做。接着，传统的思考方式随之瓦解，新的思考方式演变成为大众意识。

我敢说，你将要读到的这个令你转变并得到解脱的洞见，会掀起一场革命，开始彻底瓦解有关富裕与金钱游戏的传统信念和假说，并创造出一个影响遍及全球的新可能性与新机会。

非常有趣的是，虽然此刻沙因费尔德独自发声谈论新真相，却没有遭到拒绝、批评或攻击。相反，世界各地的人们都呼应着他那摆脱传统金钱游戏的说法，并且兴高采烈地探讨着那种创造并体验全然丰盛的新方式。

你可曾对自己这样说："要是早有人对我说这些，就好了。"如果有，你就知道在瞬间彻底改变人生是什么样的状况了。当你准备好阅读这本书，先做个深呼吸，系好心灵的安全带，准备好接受瞬间的改变吧！

杰克·坎菲尔德

心灵鸡汤·集团 CEO

《心灵鸡汤》系列丛书作者之一

《成功原理》一书作者之一

介绍

接受生命中理所当然的改变／

当孩子们在闷热的夏夜无法入睡时，有谁没想过自己看到小飞侠（彼得·潘）的海盗船在天空航行？我会让你看到这艘船。[1]

——罗贝多·科特罗内奥，《夏日清晨的小孩》

即使表象暂时会让人分心，真相却总有办法触动求道者的心灵。[2]

——约瑟夫·威特菲尔德

这本书里将要跟大家分享的内容，有违每个人从小到大学到的每件事，很可能也跟大家毕生信以为真的一切事实相违背。

在你阅读本书前7个章节时，你也许认为自己处于黄昏时刻或进入了科幻电影的情节。你也可能这么想：

*   "这跟金钱有什么关系呢？"
*   "拜托你讲重点，好吗？"
*   "作者疯了吗？"
*   "作者是在开玩笑吧！"
*   "我买这本书时并没想到内容会是这样！"
*   "没门！"
*   或者，我自己最喜欢说的：
     "一派胡言！"

现在你可能边看书，边低声浅笑，但是请认真看待上面这几句话，因为几分钟后（如果你继续读下去的话），你可能也有同样的想法。我不希望这些想法让你分心，或妨碍你从金钱游戏中彻底解脱的进程。

有时候，你会觉得筋疲力尽、毫无头绪、疑虑重重、生气或不舒服。这都是意料中的事。要从金钱游戏中彻底解脱，就必须彻底改变对自己、对别人、对世界和对运用日常习惯策略的认知。这种彻底改变的过程，就像按下各式各样的按钮。所以我用"彻底颠覆永不能赢的金钱游戏规则，让你耳目一新的丰盛法则"，作为本书的副标题。

我跟大多数人谈到彻底解脱的流程时，不管他们认为自己有多么抗拒，内心却总是有一个声音对他们说："他说的对，而且不知道为什么，我好像早就知道这件事了。"如果你跟他们一样，那么不管我分享的事起初看似多么"不着边"，但我将带领你踏上的旅程和你最终抵达的终点都千真万确。我的好朋友兼导师宝·威（他要求不公开姓名）就从金钱游戏中彻底解脱了，我自己也是如此。现在，我以全新的方式生活着，这部分会在第十三章中详述，一直以来，我也私下教导全球各地的人们这样做。对你来说，彻底解脱是完全可能又相当可行的。

如果你依照本书结尾时提供的步骤行动，并且想从金钱游戏中彻底解脱，你就能用自己的经历，证明我分享的一切既真实又有效。我会在后续章节详述这一重点。

本书分为 6 个部分：

1. 我有这些突破性发现的历史背景。

2. 金钱游戏规则。

3. 让人得以从金钱游戏中彻底解脱的学问。

4. 阐述那些记载和证实这门学问的科学。

5. 介绍由这门学问与科学所产生的特定、实用、简单却非常有效的行动步骤，让你在当下能以不可思议的方式改变自己的人生和财务状况。在这个部分，我也会分享一些真实的事例，来说明这门学问与科学之间的差别究竟是怎么回事。

6. 最后，邀请你在信念上做个飞跃，应用本书中的发现，亲自证实这些发现的真实性和巨大威力，开启崭新又截然不同的生活。

在简介部分，我会从背景讲起。在你继续看下去之前，请把上面的第五部分再看一遍。为什么？因为我要花一些时间，先讲那些让实际行动步骤成为可能的学问与科学。在这期间，有时你会觉得不耐烦，巴不得我赶快讲"重点"。我希望你记得，我们始终在走向日常生活中的实操。而且我向你保证，当我们谈到彻底解脱流程的实操层面时，你会理解并感谢我之前为夯实基础所付出的努力。

许多加入我圈子的人，在了解你即将在本书中发现的事之后，最终都会问我："你在哪里找到这些东西的?"我通常这样回答：

让我这样跟你说吧，这就好比是在玩一个拼图游戏。这里一片，那里一片，一片放这里，另一片放那里。分开来看，每片拼图各不相同，但是当越来越多片拼图凑在一起时，全貌就开始呈现出来了。之后，当越来越多片拼图组合起来，整张图像就越来越清晰。我不是从某一个人或某个来源一下子得到所有拼图的，而是一直不停地寻找、收集并组合各部分的拼图。突然有一天，我所寻找的全图突然清晰地呈现出来——让我醒醍灌顶。同样的，只要你愿意，它也会令你欢喜和赞叹。

第一片拼图来自我的祖父，他是一位令人敬仰的人物。祖父阿龙·沙因费尔德将一个简单的构想，落实成万宝盛华公司这家全球五百强企业。或许你也听说过这家公司，这是全球最大的人力资源服务商。随着自己慢慢长大，我才逐渐了解到，在祖父缔造的巨大成功和累积的诸多财富背后，有着一些非同寻常的事情——这些秘密就连我们家族里的人都不知道，也从未被提及。

12岁时，我一有机会就向祖父提问，想设法解开这个重大谜团。但在那一年里，祖父一再推托不语。后来，我们整个家族到瑞士克伦斯庆祝祖父70大寿时，祖父邀我跟他一起喝热巧克力，他终于在这时候把他的往事讲给我听。

那一天，祖父带领我从了解两个重大真相开始，这让我的人生从此发生转变：

1. 世间任何事件发生的背后，都潜藏着一股力量，而了解这个真相的人寥寥无几。
2. 通过了解并学习运用这些潜藏的力量，就能释放出巨大的能量，在你的生活中创造奇迹。

以历史的眼光来看，尽管书籍、磁带和演讲一直充斥着类似的信息，但是祖父所说的"潜在力量"和他运用这些力量的方式却截然不同，所以即使这些字眼看似熟悉，也请耐心地听我说，因为我将为大家呈现它们截然不同的面向。

我跟祖父在瑞士克伦斯那家小咖啡馆的初次讨论，带来了好坏参半的结果。好事是祖父开始给我讲有关潜藏力量的真实本质，并指导我如何运用这些力量。坏事是7个月后，祖父还来不及教完就过世了。所以我花了35年的时间去应用他教给我的东西并依循他遗留下来的许多线索，孜孜不倦地找出遗失的拼图，将它们组合到整个系统中，最终我搞清楚了祖父若还活着会教给我的整个系统。

这35年来，我发现了许多遗失的拼图。我将它们整合到自己的实操系统中，慢慢的，我也成了金钱游戏大师。在事业生涯的早期，我运用这个系统成为某家电脑代理商的顶尖业务员，也在担任业务经理、公关经理、区域经理、行销总管、行销副总裁、顾问和企业家时取得了不菲的业绩。

后来，我运用这套系统创造并运营了一种行销模式，让潜能大师安东尼·罗宾斯的多媒体研讨会座无虚席，也帮助"美国连接点"（Conneting Point of America）电脑连锁店集团在不到三年的时间里，从9000万美元的业绩飙升到3.5亿美元，并获得了惊人的盈利。

最后，当我继续运用这套系统累积了更多个人财富时，却突然破产，负债15.3万美元。后来我东山再起，重新累积财富，让自己比以往更富有。这次东山再起时，我制定了许多计划，其中包括让蓝海软件公司在4年内从127万美元的业绩飙升到4430万美元，并三度跻身《企业杂志》的"五百强企业"名录之中。这种巨幅成长，加上惊人的盈利能力，让蓝海软件公司受到了软件业巨人英图特公司的青睐，使其以1.77亿美元收购了蓝海软件，这让我获得了相当可观的报酬。

在那段时间里，我还写了两本畅销书，透露了我当时收集到的拼图。我的第一本著作是《通往成功的无形途径》，第二本著作是《第十一项要素》。

卖掉蓝海软件公司一年后，我也从后续一连串的事业成功中赚到了更多的钱，不过，我发现自己绝大多数的财富又开始逐渐消失。我停下来跟自己说："真是莫名其妙，我一定忽视了什么东西。"用《爱丽丝梦游仙境》和电影《黑客帝国》中的名言来说就是，我知道自己必须"要往兔子洞深处再走进去一些"。

第一次失败时，影响到的只是我自己，当时我还没结婚生小孩。虽然失去一切让我痛苦万分，但我总能忍受极大的痛苦。好在后来我有了老婆和两个小孩，也为一家人创造了相当幸福的生活，以及让我们感觉非常惬意的生活方式。如果我再次失败，我知道这种痛苦将令自己难以忍受，与此同时也会波及自己的家人。所以我很担心，也开始痴迷于寻找自己一直忽视的东西。我再度展开探索，专心找出祖父要给我，但我显然还没拿到的那些遗失的拼图。8个月后，我找到了这些拼图。

在本书中，我会跟大家分享这些拼图。

通过我个人以及上百位我熟悉的巨富（包括一些全球巨富）的经验，我发现，金钱游戏是我们赢不了的游戏。你很快就会发现，如果你依循从小习得的规则和方式去做，不管你多么精通金钱游戏，也不管你在金钱游戏中累积了多少钱，这场游戏总会导致某种形式的失败，诸如：压力、忧虑、痛苦、某种损失或梦想破灭。

如果依照大多数专家教导的方法，去累积更多金钱，或者更精通金钱游戏，仅仅这样做是行不通的。事实上，你必须从金钱游戏中彻底解脱出来，开始运用一套自己选择的新规则，并进行新的游戏。当事情真的发生了改变，就顺应这个改变吧，生活真的会让你激情澎湃！

在继续行文前，我要先说一下另一个重点。在读书的时候，有些人喜欢从头到尾按顺序阅读。有些人喜欢这里翻翻，那里看看，某些章节略过不看，某些章节看得很仔细。我写本书的目的，是要帮助你从金钱游戏中彻底解脱出来。因此，我必须以特定的顺序给你提供特定的拼图，这样你就能以特定方式组合拼图。

如果你跟随我的带领，一幅宏伟壮丽的"全景图"就会闯入你的眼帘，让你充满力量并从金钱游戏中彻底解脱出来。如果你不按顺序阅读，便只会看到桌上摆满了一堆看似可笑的纸板，你或许能找到捷径，取得真实的力量，却仍旧会被困在金钱游戏的限制和束缚中。简单地说，请你耐心点，根据你自己的感受，按照自己的步调，循序渐进地阅读这本书。相信我，并请跟随我的带领，我知道如何让你从金钱游戏中彻底解脱出来，我可以帮你做到，但前提是，你必须按照我在特定位置跟你分享的行程图走。

你也必须从一开始就知道，如果光看这本书，是无法让你从金钱游戏中彻底解脱的，我只能告诉你方法，为你打开通往新世界的入口，帮助你通过这个入口，告诉你在新世界里该做什么。真的想要从金钱游戏中彻底解脱出来的话，你必须做一些功课。我会告诉你该在什么时候做什么功课以及怎么做。这一路上，我会给你提供大量的帮助，但是在"抵达"终点之前，得经过一个漫长的旅程，你需要作出重要的承诺，要有耐心、毅力和自律。

如果你作出承诺并保证坚持完成功课，日后就能获得眼下你无法想象的回报。我可以毫不迟疑地告诉你，一旦你从金钱游戏中彻底解脱，钱在你的生活中就再也不是问题了。此后你再也不必担心账单、现金流或收支平衡问题了。

你再也不必问："这我买得起吗?"或"那我该买吗?"你再也不必担心生活中的现金收支了，同时也不必担心资产或负债、个人收入、存款、债务、盈利或税务了。

你再也不必为了设法管理、保护和增加现有的财富而困惑，倍感压力并被一堆难缠的事所烦扰，再也不必为了"收支平衡"或在生活中追求一点喜悦或奢华,而工作到焦头烂额。

一旦你从金钱游戏中彻底解脱,就再也没有任何金钱方面的限制与束缚了。不管这一点在此刻听起来多么诱人,只有当你从金钱游戏中彻底解脱时,你的人生才会出现这样的变化。从金钱游戏中彻底解脱是你必须体验后才能理解的事。

基于某个特定原因,我将这个游戏称为"金钱游戏"。要发现其中的缘由和金钱游戏的规则,请阅读第一章。

第一章　金钱游戏规则

如果你连续错过三个球，就被三振出局——这是棒球比赛规则，是棒球这种游戏的规则。但是，这种规则只适用于棒球比赛。[①]

——杰西

如果你和我接触到的大多数人一样，你可能从不认为金钱或者赚钱是一场游戏。当我跟人们谈论此事并询问他们的看法时，大家通常都这么说："赚钱绝不是一场游戏，它可是件相当正经的事。"

彻底解脱流程的第一步是，真正"认识到"你财务世界里的每样事物——收入、净值、投资、存款、税务、费用、发票、应收账款和应付账款、盈利，等等——都是一场令人震惊的、精心设计的、巨大又独特，而且错综复杂的游戏的一部分。我会在这一章介绍金钱游戏的基本规则，并在后续的章节中做更详尽的说明。

如果你仔细观察，大多数游戏都有其规则和清晰的程序，也明确界定了开始和结束的时间，并清楚地定义了输赢。参与游戏者都同意遵守规则和游戏程序，这样做才能让游戏得以进行。虽然有一些人以游戏为职业并以此为生，但是大多数人只是为了好玩和有趣才玩游戏。人们喜欢观看比赛，就是基于这样的理由。

举例来说，橄榄球由皮革制成，它有一定大小并被要求符合严格的规定。球场长91.4米，一场比赛有4局，每局15分钟。球员带球进入达阵区得6分；带球触地射门得5分；直接射门得3分；进攻队的球员若在自己的达阵区被敌人截抱，对方可得2分。第一次进攻跑长为9.1米，比赛时间内只限固定人数的球员在场上比赛，他们必须守在特定的位置上。有规则要求球员在场上能做什么，不能做什么，双方若在规定时间内打成平手，则延长比赛直到分出胜负；4局比赛结束时得分较多者获胜。

再比如棒球，棒球场有特定的形状和大小，呈钻石状。在比赛时，每队只有9名球员上场比赛，就像足球比赛一样，每位球员守在特定位置。棒球比赛要求使用符合明确规定的球棒、棒球和手套。每场棒球比赛有9局，每局中每队被允许有3位球员出局。每位上场的击手可以失球4次、击中3次。投手站在稍微被垫高的投手板上，跟击手所站的本垒有特定距离。各垒之间也有特定距离。击手经过一垒、二垒、三垒回到本垒，可得到1分。9局结束时得分较多的球队获胜（平分时则延长比赛直到分出胜负）。

再以高尔夫球赛为例。高尔夫球手在高尔夫球场上打球，球场上有一定数目的球洞、果岭、球道、深草区、沙坑和水池。球手使用 L 形金属球杆，这种球杆是为了能准确将球打进小洞而设计的。击球时必须遵守特定的规则，违规就要受罚。比赛结束时杆数最低者获胜。

如果你仔细并客观地审视橄榄球、棒球和高尔夫球等球赛，你会发现这类规则和程序似乎非常独断，毫无道理。想想看：

* 橄榄球：抱着一个因充气而膨胀的皮球奔跑，或设法跨越白线和得分点时，将这颗充气皮球丢给别人。不然就是，想办法把这颗皮球踢过两根金属柱抵达得分点。

* 棒球：设法用木棒击中向你高速飞来的橡胶圆球或皮制圆球。接着，如果你击中球，而且球没被其他球员用手上的大型皮革手套接到，你就要边跑边触及到放在地上的 3 个方形垒包，然后再回到本垒才能得分。

* 高尔夫球：用 L 形钛金属球杆设法击中橡胶制的小圆球，想办法用最低的敲击数或"杆数"，让圆球进到几百米开外的浅浅小洞里。

如果你审视桥牌、大富翁、撞球、西洋棋、跳棋、二十一点等其他大众游戏的规则和程序，就会从中发现同样的独断性。你会问自己："怎么会有人能想到这么奇怪的游戏、规则和程序?"虽然初次审视时这些规则和程序看似独断,但它们后面却潜藏着创造这些规则与程序所需的智慧、计划和意图。

游戏玩家很少思考他们所参加的游戏的缘起,或质疑看似独断的规则与程序的本质。这些游戏很早就被发明出来了,后来人们玩游戏时,只是照着"权威人士"的说法去做。

金钱游戏的情况也一样。在仔细、客观地审视时,你很快会发现金钱游戏的规则与程序同样似乎是很独断,也很不合理。不过在后续章节你会看到,在金钱游戏设计的背后,潜藏着让人叹服的智慧、计划和意图。我保证,当你发现这些内幕时一定会震惊不已!这些内幕同时会为你开启新的大门,让你从金钱游戏中彻底解脱。

当我们过了一定的年龄、长大成人时,就成了永不停息的金钱游戏中的玩家之一。跟运动员和其他游戏玩家一样,我们从未质疑过金钱游戏的规则和程序。我们只是接受习得的规则和程序,并依此展开游戏,仿佛它们被铭刻在石板上,没有了可商量的余地。

在此先介绍我们被教导的三大规则和程序,这是在玩金钱游戏时会出现的"真实"情况。其实,这类规则和程序还有几十项(包括许多涉及税务、政府、投资等的),但是下面三项却是我们最为熟悉,也是让我们受害最多的规则,这一点你很快就会了解:

* 财富供给有限。可供你（或／和整个世界）使用的金钱有限，每次金钱"流出"，有限供应的金钱数量就随之减少。因此，你必须想办法持续补充供应，否则钱就会用完。你必须小心负责地保护你的钱，确保钱不会被花光。基于"金钱的供应是有限的"这一核心信念，你不得不制定长期的储蓄计划，聪明地投资，经年累月地累积资产，以备退休后使用。

* 金钱会流动。金钱会流进和流出。金钱"就在那里"，不知何故金钱跟你是分开的，你必须走出去以便拿到钱，把钱带入你的生活中。另外，当你花钱时，钱就从你这里移动到了别人那里，然后你的钱就变少了。你有收入和支出，你必须管理这两者的变动，才能让收入超过支出，这样做才会有盈余。如果你想提高生活品质，就得增加盈余。

* 为了增加个人财富，你必须更努力或更聪明地工作。在生命中,你无法想要什么就有什么。凡事都要"花钱"。你想要的每样东西，都会让你"付出代价"。你必须"赚"钱，天底下没有免费的午餐，不劳而获不太现实。所以，如果你希望有更多的钱，就必须想办法创造更多的价值，更努力地工作，或是更聪明地工作，这样才能赚到更多的钱。而且，你必须培养赚钱的本事，全心全

意地赚钱，否则你绝对不会很有钱。

有一些普遍信念支持着传统金钱游戏的规则和程序，我们一直对它们信以为真：

* 金钱是万恶之源。
* 金钱是污秽的或不好的——有钱人也如此。
* 有钱人越来越有钱，穷人越来越穷。
* 钱永远都不够。
* 你必须掌控金钱，否则金钱就会掌控你。
* 钱总是越多越好。
* 钱不是长在树上的。
* 有些人有赚钱的本事，有些人则没有。
* 人不可能既会赚钱又有灵性。
* 净资产才是衡量财富与成功的真正标准。
* 你必须未雨绸缪。

我刚才提到的这些规则、信念，及其衍生出的次规则和信念，其实没有一项是真的，我这么说，你或许会很惊讶。没错，没有一项是真的。这些都是杜撰出来的，就跟所有游戏的规则一样。只是我们都信以为真了。

现在，我打算先为两个重点播下种子，然后到第三章时再让其长得茁壮。

一、你无法在金钱游戏中获胜。

二、金钱游戏就是为了创造彻底失败而设计的。

你无法在金钱游戏中获胜，因为：

* "获胜"没有清晰的定义。你怎么知道自己在金钱游戏中获胜了？你问过自己这个问题吗？当你觉得自在时就算获胜吗？成为百万富翁就算获胜，还是要成为千万富翁才算获胜，抑或要有 10 亿美元才算获胜？超越自己设定的收入目标或净资产值目标，就算获胜吗？以我的经验来看，虽然许多人为自己设定财务目标，对金钱游戏获胜下明确定义者却少之又少。如果你不知道目标为何，怎么可能击中目标或知道自己是否命中了目标？

* 你的钱总是岌岌可危。不管你累积了多少钱，你的钱总是岌岌可危。你可能因管理不当、过度开销、股市崩盘、投资失利、被盗用侵吞、被偷、离婚、诉讼、经商失败、银行破产、悲惨的事故等诸如此类的事，损失所有财产或大多数财产。况且，1 分钱都没有还不要紧，更可怕的是，你还可能背负一大笔债务。你

越有钱，越聪明地理财，就越是误以为自己的钱很有保障，但事实上，不管你有多少钱或你怎么管理钱，钱都绝对不安全。累积大量财富之后，经过一代或几代人的时间又把财富赔光，这种事在历史上比比皆是。

* 没有正式的终点。金钱游戏何时结束呢？当你抵达为自己设下的某些里程碑时吗？这样行不通，因为即使你暂时抵达或经过一个里程碑，你的钱还是岌岌可危，所以你可能失误，损失所有你累积的财富。退休时，金钱游戏就结束啦？事实并非如此。那时，你的钱还是岌岌可危，即使你不再工作，却仍旧任由金钱游戏规则与程序摆布。在你去世时，金钱游戏结束了吗？或许等你辞世时，你的金钱游戏结束了，但是你的家人和继承人依旧深陷在金钱游戏中。如果金钱游戏没有正式的终点，你怎么知道自己是否获胜或何时获胜？在橄榄球赛第三局结束时领先，能说自己赢了吗？在棒球比赛第七局时领先，能说自己获胜了吗？打一场高尔夫球 18 洞的比赛，在打完 12 个洞时以杆数最少领先，能说自己获胜了吗？不行！

* 总要付出相应的代价。你也不可能在金钱游戏中获胜，因为即使你赚了很多钱，存了一些钱，花了一些钱，聪明地理财和投资，让自己的净资产不断增加，过上国王或皇后般的生活，也为舒适甚至奢华的退休生活

做好了准备，但是依据传统规则进行金钱游戏，总会引发各种各样的紧张、压力、不满、痛苦或损失——尤其是失去闲暇时间、个人健康和人际关系。我相信你一定亲身经历过、看过或知道有人成功地累积了大量财富，最后却：

——生病；

——孤独；

——早逝；

——偏头痛或患上了其他让人衰弱的身心失调；

——精神几近崩溃；

——感觉内在空虚；

——生活优越却感觉很无聊，心想："生活就只能是这样吗?"

* 总有人比你更成功。只有极少数财务相当成功者例外，大多数人都掉入金钱游戏设计的圈套中。当人们互相比较谁更有钱时，想要更有钱的欲望就油然生起，于是又开始设定眼下遥不可及却好像又做得到的目标，这时，他们就掉入金钱游戏的陷阱中了。例如，有人每年赚 25 万美元，他对自己相当满意，当他看到有人每年赚 100 万美元之后，顿时觉得自己相形见绌。或

者当有人搭乘商务客机头等舱出差时看到别人是搭私
人飞机出差；或是当某人有一幢豪宅，却看到别人有
两幢豪宅。这类比较都会引发一种不满的情绪模式。
当我们在财务成功的生物链中上移时，这种模式会持
续不断地发生。

想象一下，根据我上面描述的规则和程序，你去玩或观
看任何一种游戏。想象一下，你去玩或观看一场无法知道谁获
胜、没有正式终点的游戏，不管自己已经获得什么，却知道总
有其他团队或玩家比你玩得更好；即使你以为自己赢了，最后
你总是输家（因为你必须付出代价）。

有谁想玩或观看这种游戏？没有！对玩家来说，这绝对是
个噩梦。根本没人会自愿参加这种游戏，而且也没有人想观看
这种游戏。这样做有什么意义呢？

尽管如此，每天都有几十亿人参与并观看金钱游戏，他们
完全没有留意真正发生的事实是什么。这当中有许多人相信自
己已经在金钱游戏中获胜，相信自己是赢家，或相信自己在周
遭或媒体上看到的人是赢家——而这一切只不过是个幻象。

在第七章中，我会透露为什么你无法在金钱游戏中获胜的
更大原因。但现在，我必须给你提供更多的基础部分，以便让
你能完成整张拼图。

从来没有人告诉过你，金钱游戏和我们进行的其他游戏是
截然不同的。就金钱游戏而言，没有任何事情是板上钉钉的，

每件事都绝对是可以商量的。你根本不必采纳金钱游戏的传统规则和程序，事实上你完全可以自选！

既然你无法在金钱游戏中获胜，你就只有两种选择：

1. 依据传统规则与程序继续进行金钱游戏，知道自己不管玩得多好，最终都会成为输家并付出昂贵的代价。

2. 从金钱游戏中彻底解脱，为自己创造一个新游戏，选择自己的规则，永久改变自己跟金钱的关系。

不管你认为这些话听起来多么疯狂、多么遥不可及，我保证一旦你看完本书，就能选择第二个选项，并从金钱游戏中彻底解脱。

在接下来的旅程中你将发现，你一生中始终会有三个闹心的问题纠缠着你，下面你将学习如何解决好这三个问题的方法，并且它们能帮助你获得力量以便从金钱游戏中彻底解脱。请继续阅读第二章。

第二章　三个闹心的问题

活着是我的职业，也是我的杰作。[①]

——法国散文家　蒙田（1533—1592）

要是我只记得那些为点燃热情而努力的日子，而不记得为求安身立命而劳碌的日子，那该有多好。[②]

——美国评论家兼作家　爱德蒙·威尔逊（1895—1972）

自有文字记载的历史开始，下面三个问题就一直困扰着人们：

1. 我是谁?
2. 我为什么在这里?
3. 我想到哪里去?

你很快就会发现，即使不能马上弄清楚这三个问题的答案，但如果没有实用的答案，就不可能从金钱游戏中彻底解脱。你或许对我在本章（和后续两章）中跟大家分享的许多拼图感兴趣，这些其实是当初在瑞士克伦斯喝热巧克力时，祖父跟我分享的事。基于尊重和敬畏，我非常同意祖父的说法，并以他的成就为荣，我毫无疑问地接受了那些你即将在后文中发现的构想。然而，这些构想对我来说并未马上成真，我并未完全了解这些构想的重要性或威力，也无法依照这些构想采取任何实际行动。直到几十年后，我才把更多拼图碎片凑起来，也变得更有经验。这些内容我会在后文中详述。

我认为，我们无法知晓关于这三个问题的答案的绝对真相。为什么？因为有一些存在的奥秘，它们如此庞大而复杂，以我们现有的意识与进化程度，我们是不能理解的。既然我们无法确定这三个令人不解问题的答案，我们所能做的就是创造一些接近真相的模型，使我们从日常生活中获得实际利益。

因此，我接下来要分享的，就是让你得以从金钱游戏中彻底解脱的实用模型。这个模型完美吗？不完美。如果试用这个模型，会找到漏洞吗？会。我可以告诉你：尽管这个模型有缺憾，但却相当有效。当我在本章和下一章分享这个模型的学问时，或许你认为这一切有些"虚幻不实"，或让你觉得"迷迷糊糊"，但是请你牢记下面这两个想法：

1. 不管乍看之下给你怎样的感受，它们都是重要的拼图元素。当你读到第六章就会明白这些学问的重要性——而一旦你读完本书，就会知道它们的重要性其实更为深远。

2. 在第四章和第五章里，我会跟大家分享那些记载并证实这个模型的哲学要素的前沿科学。如果你很难相信或接纳我接下来要分享的观点，那么这些内容反而对你意义重大。

现在，让我们先看看第一个闹心的问题。

我是谁?

如果你接触过新时代、玄学或灵性思想的各种书籍、磁带或工作坊，就一定听过这样的说法：我们是拥有肉体经验的灵体。我同意这种说法，这跟我要向你阐明的模型完全相符。

你其实是一个拥有无限力量又无与伦比的存在体。响指间，你要的东西就瞬间示现。你所熟知的所有关于"能量"的概念，都远不及真正的你，它们因为拥有无限的力量并且是全知全能的。自然界的所有力量和人类集体力量的总和再乘以10亿倍，仍然只是你弹指间运用的能量的九牛一毛。由于你的生活背景和信念使然，或许这种说法会让你大为惊讶。不过，如果你依照我在本书中所提供的指导，你就能亲身体验、证实这些事。

因为你有能力创造你想要的一切，所以你本然的状态就是无限丰盛。在你的本然状态中，你不"缺少"任何东西。没有什么是缺失的，也没有尚未满足的欲望。身为一个无限丰沛的存有，你也一直保持在平安和喜乐的状态里。

身为一个拥有无限力量、睿智又丰盛的存在体，你有无穷的欲望进行创造性的表达，并彻底体验源自这种表达的洋溢和喜悦。事实上，无论看起来如何，所有人在生命本质上都是关于创造性的表达。

接下来，让我们看一下第二个闹心的问题。

我为什么在这里?

你来这里就是要玩一个游戏！在日常生活中，你着手处理日常事务。然后，你常常撇开日常事务，去玩各种不同的游戏。我指的游戏是各种运动、棋盘游戏、纸牌游戏、爬山、骑自行车、蹦极、飙车、看电视电影或戏剧、读一本精彩的小说、绘画、唱歌、听音乐或做自己真正爱做的事。你为了乐趣、喜悦和娱乐去挑选游戏，挑战自己，探索可能性，不断地扩展并延伸。

谈到"我为什么在这里"这件事，情况也一样。你来自另一种意识层级，那是无限存有的所在之地，你决定远离这样的日常事务一段时间，玩一场游戏。那场游戏被称为人性游戏，金钱游戏则是人性游戏中的主体部分。

这会让你感到惊讶吗? 来这里只为了玩一场游戏，这样轻描淡写或许不足以说明人生的痛苦、艰难和错综复杂? 如果是这样，请你看好了，我会透露更多的拼图。

接下来，让我们看一下第三个闹心的问题。

我想到哪里去?

你有一个普通目标和一个特殊目标。普通目标就是去玩人性游戏，得到人类进行所有游戏所获得的好处：乐趣、喜悦、娱乐、延伸、扩展、探险、发现可能性等诸如此类的事。

你的特殊目标是以独特的无限存有的身份，用你所选择的独特方式，进行这场人性游戏。我们都在进行人性游戏，但每个人玩这场游戏的方式却截然不同。即使看起来我们好像在做同样的事，以同样的方式做事，或基于同样的理由去做，但本质截然不同。作为无限存有，我们为自己量身定制了每样东西。你看完第四章和第五章就会明白了。

芭芭拉·杜威在其著作《创造中的宇宙》中，提到下面这段话（"创造中的宇宙"就是我所说的"人性游戏"）：

根据最终的分析，我认为创造中的宇宙最重要的目的，就是无限创意的喜悦展现。光是要满足这个目的，就需要卓越的结构设计，需要兼顾到结构简单和充满可能这两个方面，也要在全然自由的情况下给予协调与合作。在创造中的宇宙这个概念里，没有输赢之分，因为每个人都在玩自己选择的游戏，所以只有赢家存在。[3]

如第一章中所述，所有游戏都起始于一个概念，然后人们搭建一个游戏场，接着设计必要的工具和相关配套资源（例如：高尔夫球俱乐部、足球、棒球、网球球拍），然后制定所有玩家要参与游戏必须严格遵守的规则和程序。人性游戏的情况也一样。

现在，让我们谈谈主导人性游戏的概念。我是《星际迷航》连续剧和电影的铁杆粉丝。在这部连续剧中，有一个称为"最高指导原则"的概念。最高指导原则就是指导"企业号"恒星飞船的船员在太空探险的核心原则。人性游戏也有其最高指导原则，那就是，你先将自己表达创意的无限力量冰封，让自己在本然状态下的无穷智慧、丰盛、喜悦与平静都被雪藏，然后再彻底探索会发生什么事。我将用哲学观点来阐述这个概念，也会先分享一些更重要的拼图内容，然后我们再在第七章就琐碎的细节和日常的实用观点方面继续讨论这个概念。

我们玩的所有游戏，起初都是由某个人基于某些特定原因和动机而设计的。人性游戏也不例外。从洋溢着力量的、无限的观点来看，想象某一个无限存有认为："如果我限制自己、约束自己、隐藏自己的力量、智慧、丰盛和喜悦，看看会发生什么事，这样不是很有趣吗？"我真的能让自己确信，这些东西不见了吗？我真的能说服自己，我跟真实的自我完全相反吗？接下来会发生什么事？如果我真能做到这些，那么整个旅程和体验会是怎样的呢？

既然你是无限的存有，如果你想玩一场限制和约束自己的游戏，你必须创造一个真我的替身或人格面具，作为这场游戏的主角。然后，你必须向人格面具隐瞒所有你对真我、所有力量、智慧、丰盛、喜悦与平静的认识。接着你必须设计其他玩家跟你一起玩这场人性游戏，为这个游戏设计一个游戏场，并设计一位向导，让他在你无法认清自己是谁、情况究竟该如何进展这类"真相"时，能够秘密地指点你。

进行人性游戏的人格面具，现在正在看这本书——也就是你一直以为的"你"。其他玩家就是你周遭看到的和与你交流的人，这部分会在第六章谈及。游戏场就是我们所谓的宇宙、物质现实或三维空间。秘密指点你的向导就是"真正的你"，也就是你的无限真我，在本书中将以"大我"称之。

看到这些字眼或许让你眼花缭乱，不过重要的是要明白，你的人格面具和大我虽然看似不同，但它们在最深层次上却是融为一体的，是同一个无限存有。"看似不同"的这一幻象，是意识创造的障眼法，这些将在后面三章继续谈到。

其实从人格面具诞生之日起，你就开始隐藏自己的超强力量、智慧和丰盛，并且建造了一个备用现实（游戏场）来进行人性游戏。在我们继续讨论限制、束缚和人性游戏之前，让我先在你洋溢（力量）的意识中埋下一些种子，这些内容同样来

通常称之为"自我催眠"或"自我制约"。

当你玩味这一点时，请问问自己：我们作为一个无助的、没有任何能力、知识或丰盛体验的婴儿出生，并开始玩起人性游戏，难道真的只是个偶然吗？

第二阶段

在你忘记自己是谁，沉浸于人性游戏第一阶段那些极度受束缚的经验后，大我开始催促你进入第二阶段。这时候，你开始觉得不完整，好像遗失了某样东西，仿佛一切再也没有意义，一定有什么事你不知道。然后你开始寻找答案，寻找人生更崇高的生命意义。

这时候，你依然不记得自己究竟是谁，或是自己究竟拥有多少力量、智慧和丰盛。尽管如此，你也开始义无反顾地寻找真相。接着，大我开始转变角色，带你走上百年寻宝之路，支持你重新获得你在第一阶段隐藏的所有力量、智慧与丰盛。一旦你重新获得力量、智慧和丰盛，就能开始无拘无束地展开人性游戏。我用"彻底解脱点"称呼这个交界点。抵达"彻底解脱点"时就酷极了。

顺便提一下，你读到本书也并非偶然。从某种程度上来说，除非你想帮助自己进入第二阶段，或正准备进入第二阶段时，才会使用本书作为基础训练或热身，否则你根本不会读到这本书。

看到这里，你可能会想："怎么会有人想玩这种游戏呢？

要把那么多力量、丰盛和智慧藏起来，然后再重新找回来。这简直是疯狂。"

如果你这么想过，那我问你两个问题：

1. 人为什么要玩游戏？
2. 如果你诚实客观地审视，人性游戏的规则和程序真的比高尔夫球、棒球、篮球、足球、橄榄球、西洋棋、跳棋或大富翁游戏的规则和程序更独断或更疯狂吗？

我们之前讨论过，不管从表面上看，游戏规则和程序有多么疯狂，或者有时候游戏进行下去有多困难，人们完全是为了乐趣、挑战和快活而玩游戏。人们耗费无数的时间、精力和金钱，训练、参与和观看各种游戏，并认为这是非常合理的活动。对于拥有更多力量、智慧和丰盛的无限存有来说，会有什么不同吗？

想想看：为什么有人愿意离开温暖舒适的家，去体验艰辛和痛苦，冒着生命危险，去攀登珠穆朗玛峰或参加极速赛车等活动？

这个你或许也曾经想过的问题，有一个这样的答案：你其实是一个很喜欢冒险的灵体，它渴望拓展自己和自己的经验。对"真正的你"来说，人性游戏的限制根本不算什么。人性游戏的挑战是让你忘记自己究竟是谁，并且隐藏你所有的力量，以便你可以从零开始玩游戏。

此外，可以这样想想，想象自己是一名建筑设计师，客户请你为他设计一幢令人赞叹的建筑物。你运用想象力预想这幢建筑物的样子并着手设计。这样做很有趣也很有成就感，不过看到建筑物在三维空间里成为"现实"则令人更为兴奋。实践人性游戏的构想，然后看到构想在三维空间中出现，进而如实地投入到人性游戏中，其中产生的挑战、乐趣和回报极其巨大。当我给你提供了更多的拼图碎片后，请再想想这些事。

下面的事或许你也想过：好吧，就算我认同人生是一场游戏这个想法，但是为什么有人愿意选择在人性游戏中体验虐待、生病、贫困、挣扎、饥饿、强暴、谋杀和死亡这么可怕的事呢？我可不认为这些事有什么乐趣或愉快可言。

我会在后面几章更详细地讨论这些事，现在先让我跟你分享一些想法："真正的你"认为这些经验一点也不可怕，而且在参与人性游戏时玩得很尽兴。"真正的你"知道这些经验都不是真的，一切只是游戏——就像你知道电影屏幕上发生的事也不是真的。电影能让你害怕或者欣喜，但你知道电影里的一切都是虚构的，没有人真的生病、受伤、活着、死去或赚大钱。

"真正的你"知道人性游戏中的所有体验都是虚构的，以便能完成一场游戏并在游戏场上展开游戏。"真正的你"知道这一切体验只是看似是真的，它让完全沉浸其中并信以为真的

"人格面具"感到害怕——这就是人性游戏的重点——让一切看似是真的，而实际上不是真的。让幻象看似真实，是人性游戏设计中的最大挑战。不过除了看似真实，人性游戏必须既有趣又符合全体利益。以当代知名编辑索尔·斯坦对如何撰写引人入胜小说的评论为例：

棒球、足球或篮球等赛季到达高潮时，美国男性人口中有比例相当高的一批人，下班后要花好几个小时看电视转播的球赛，但是这样做的美国女性却少得多。举例来说，棒球迷有意无意地期待球赛出现紧张和悬而未决的时刻，例如：打中球还没被封杀前、跑者向垒包飞奔但还没抵达垒包时，其他游戏的情况也一样。观众希望自己崇拜的球员经历紧张、不安和喜怒哀乐，读者阅读小说时，也希望看到这一切。读者喜欢这种期待和兴奋，虽然这种事发生在生活中常令人担心，但发生在球场上或书中却让人很开心。⑤

对于在人性游戏中完全融入跌宕起伏，且具有电影特色体验的无限存有来说，情况也一样。我们也想要通过亲身经历去体验紧张、不安和喜怒哀乐。斯坦继续说：

但是我们要记住，当一个团队——即使是我们支持的团队——轻易获胜时，我们就不觉得比赛很好看。体育的观众和小说读者最喜欢的是两强相遇，平分秋色，并且越久越精彩。[6]

斯坦的睿智观察也说明为何人性游戏第一阶段的生活并不完美，为何我们要在完全融入具有电影特色的体验中，设计人生的跌宕起伏、挑战和冲突等错觉。

我希望你记住太阳和云朵这个隐喻。"真正的你"拥有无限力量、智慧和丰盛，正如同太阳一样。想到太阳，你就想到巨大的能量和威力，对吧？所以这个比喻很恰当。

不过当你参与人性游戏时，你必须创造幻象说服自己，你跟"真正的你"完全不同——也就是说，你要说服自己相信，你是受到极大的限制和束缚的，你既脆弱又贫困，总会被人、事、物和环境所影响，自己是无能为力的可怜虫。这就好比创造出一堆云朵，遮住太阳，说服自己"太阳不见了，云朵才是真实的，只有云朵存在"。

把这个隐喻加以延伸，如果云朵散开，太阳依旧照耀吗？是的；飓风来临时，太阳依旧照耀吗？是的；下雨时，太阳依旧照耀吗？是的；不管地球上发生什么事，太阳都依旧照耀。

你的情况也一样。不管你的人生发生了什么事，不管情况怎样，你真的没有改变。你还是无限存有，你本来就拥有无限力量、丰盛、智慧、喜悦与平静。你只是说服自己，跟你完全相反的"人格面具"才是真的你。我会在第四章和第五章中说明你要怎么去做。

由于人性游戏第一阶段的目标是限制自己、说服自己你不是那个"真正的你"，所以，如果以无限存有的身份开始游戏，事情一定无法顺利运行，一定会遇到问题。如果仔细客观地审视，一切都很不合理。许多时候，你会觉得很不自在，无法体验真正的财务丰盛，或至少会付出巨大的代价！你根本不可能总是保持心平气和、心满意足或兴高采烈。

在第一阶段里，达成目标和实现愿望时遇到阻碍与抵抗是常有的事。觉得少了些什么或有什么差错，这种感觉一定让你苦恼不已。为什么？因为第一阶段的重点是——说服自己，你跟"真正的你"恰好相反。如果目标是要限制，你就不能扩展。如果目标是要约束，你就不能开放。这就是人性游戏的运行方式。

为了让人性游戏的第一阶段得以运行，一切真相必须遭到曲解或扭曲，避免你了解真相和自己的力量。

正如我们讨论过的那样，人性游戏第一阶段的目标就是要让自己确信，你跟"真正的你"完全相反。因此在第一阶段时，任何试图说明人性游戏的真正意义或如何进行人性游戏的教导，都必定受到曲解或扭曲，或者被遗漏某些重要因素。

另外，为了避免你了解真相和自己的力量，那些和扭曲真相有关的技术一定也会受到蓄意破坏，要么根本不"奏效"，要么时常失灵。如果你接受我在第十二章提出的挑战，跨越第二阶段的入口，就会发现这些现象在自我成长的书籍、哲学、玄学、科学和宗教中随处可见。你会看到一些教导，经过探知后，你会说："这是真的！这是真的！这是真的！天啊！"而且你会清楚地看到真相的哪些部分被扭曲了，哪些重要内容被遗漏了。这个过程其实很有趣。

举例来说，你也许在学习市面上广为流行的，被称之为"视觉化"的自我成长技术。这个技术教导你，你拥有无限的力量，只要你能在心中看到结果的清晰影像，就能创造你想要的任何东西。你在本然状态中拥有无限力量，这是千真万确的事。可是，人在玩人性游戏第一阶段时，把无限的力量隐藏起来了，所以你的人格面具无法启用这些力量。但是大我（真正的你）却能创造任何你想要的东西，不过，人格面具的眼睛里是看不到这个过程的，这种过程发生在其他地方，你会在第四章和第五章中得到解答。

视觉化、自我确认、显化技术、吸引力法则和其他广为流传的自我成长技术，是第一阶段的杰出创造物。为什么？因为我们创造它们，我们让自己确信它们是真的，也运用它们。但是它们未必会经常发挥功效，因此这就造成了困惑、挫折和限制，这刚好支持了第一阶段的目标。

正如我在简介中所述，我在个人著作《通往成功的无形途径》和《第十一项要素》中也设计过类似的玩意。我对许多真相有清楚的认识，但是要玩人性游戏第一阶段，我必须稍微扭曲一下真相，才能让自己的方式最终失败，让自己继续受困于限制和束缚——直到我准备好进入第二阶段为止。

人性游戏第一阶段的设计是，带领你进入让自己感觉到极大挫折和痛苦的境地，让你开始感到无能为力，好像总有些事很不对劲，人生不该只是这样，一定有什么你不知道的事正在发生。当你在一个很高层面上经验到这一点时，就是你准备好进入第二阶段的信号（至少能扩展你对自身可能性的看法）。

第一阶段的部分策略包括：让自己相信自己能搞定、改善一些事情，让事情顺利发展，从而获得自己想要的每样东西，变得既富有又开心。尽管所有谈论自我成长、成功、个人成长和灵性的导师都说得天花乱坠，但依据设计，在进行人性游戏第一阶段时，这些事绝不可能发生。这是既微妙又非常重要的关于"获得"的不同之处。

记住，无论何时，当你决定要玩游戏——不论是西洋棋、跳棋、足球、篮球、极速赛车、登山或任何游戏，都必须遵守规则，按照约定，尊重游戏程序，否则就玩不下去。

进行人性游戏时，真正的力量、幸福、丰盛、喜悦和平静，要等到你进行第二阶段以后，才会"回来"。我会告诉你该怎么做。第二阶段才是开启并允许你从金钱游戏中彻底解脱的入口。我把这个入口称之为"彻底解脱点"，等我帮你打好基础后，会在后面的章节详述。

当你准备好要发现更多人性游戏的真相，以及我们设计的游戏场之真实本质时，就请阅读第三章。

第三章　好莱坞也逊色

整个世界是一个舞台，所有的男男女女只不过是演员，有各自出场和退场的时候，有时候同一个人还要扮演几个角色。

——莎士比亚　《皆大欢喜》①

现在，我要介绍另外两个隐喻，它们会帮助你了解人性游戏和金钱游戏的真实本质，以及我们选择开展这些游戏的场所，为下一章介绍科学论述做好准备。这两项隐喻与游乐园和电影相关。

游乐园特别被设计成有各式各样骑具和好玩的事物供人们娱乐的地方。你自由地选择去或不去游乐园，没有人拉你去或强迫你去。通常你跟认识的人一起去游乐园，体验自己感兴趣的东西，忽略不感兴趣的东西。你自由决定何时抵达和离开，都随你意。你可能只去过一次或很多次。现在，我请你将这个世界或我们说的三维空间现实，当成一个巨大的游乐园。

如果你是一个无限存有，打算玩一场游戏，你不可能随随便便找一个游戏来玩，那样会让你无聊得抓狂。就好比一支职业篮球队跟一支高二年级的篮球队对打，实在无聊极了，一点挑战和意义也没有，这算不上是一场游戏。身为无限存有的你，如果打算玩一场游戏，那一定是终极游戏，是相当错综复杂又精心设计的游戏，能够让你时时刻刻都打起精神，接受挑战，绷紧神经，坐立难安。这可不是件容易的事！

让我们继续用这个隐喻来说明。要进行人性游戏，就必须打造一个巨大的游乐园，提供各式各样极其复杂的骑具和好玩的事物（游戏）。在这个游乐园中，金钱游戏就是最热门的项目之一。不过和迪斯尼乐园这类游乐园不同的是，进行人性游戏和金钱游戏的游乐园，是设计用于提供相当罕见的好玩事物，我将这些称之为纯体验式影视剧。

我们先花点时间看看好莱坞电影。在好莱坞电影里，事情并不像表面所见的那样。每一个场景在拍摄前都经过精心策划，脚本也被一改再改。只有场景完全符合电影创作者所预想的故事论述方式，才能被剪辑为最终成品。你在屏幕上看到的电影最终成品，没有一幕是随意或偶然的结果。每一幕都是为了对你产生特定影响——让你笑、让你哭、让你生气、让你开心——而精心设计的。

好莱坞电影中的每样东西看起来都真实无比，但实际上则不然，一切都是虚构的，都是幻象，电影特效将幻象夸大到让人难以置信的程度。当你坐在电影院里，你知道那是幻象，但为了享受乐趣，你会暂时放下自己的不信任。如果你到幕后去了解电影的实际制作过程，了解各个场景的实际模样，了解电影特效是怎样被制造和使用的，了解发生在剪接室里的事情，然后再观看屏幕上剪辑完成的成品，将这两种情况加以对比，你一定会为电影制作所涉及的复杂程度、时间、精力和努力而惊讶不已。正如你所知道的那样，好莱坞影视具有绝对的说服力，而且必须得这样，不然我们就会中途离开电影院，绝不会再把辛苦赚来的钱拿去看电影。

你的人生和人性游戏中的一切也一样。在你的电影中，你看到的一切都不是真的。在你体验之前，每一个场景都被精心设计过。除非场景完全符合你想要拥有的人性游戏体验，否则你的电影不会有结果。不管你当时如何称呼或评判，为了帮助你用自己想要的方式来玩人性游戏，你都必须精心设计好每样东西。在你的电影里，没有随机和偶然。为了对你产生特定影响（尤其是金钱游戏）——限制你并让你确信你跟"真正的你"完全相反。

跟好莱坞电影里的情节一样，在你的世界里一切真实无比，可实际并非如此。一切都是虚构的，你的五种感官体验到的只是幻象——所有道具和特效只是为了创造一种备选现实，为你进行人性游戏而设计——你自己的特效也将幻象夸大到令人不可思议的地步。当我带你走到幕后，让你知道人性游戏乐园的纯体验式影视剧是如何制作的，你就会为其涉及的复杂程度、时间、精力和努力而赞叹不已，这是毫无疑问的。那些用来维系人性游戏的幻象必须非常具有说服力，不然人性游戏就会突然终止，就像人们看一部无聊至极的电影，会中途离开电影院一样。

你也会从本书的更多章节中知道，让金钱游戏看似真实所需的特效，会让好莱坞的各项特效与动画工作室相形见绌。

制作好莱坞电影要花费数百万美元，动员数千人参与，还要使用极为复杂和昂贵的电脑与其他设备。有时候，从电影开拍到上映，要花上好几个月，甚至好几年的时间。为什么要投资这么多时间、精力、努力和金钱呢？或许你会说："为了赚钱。"没错，但是在好莱坞电影能赚钱之前，必须发生什么事呢？必须先娱乐到观众，对吧？而且为了娱乐观众，必须发生什么事呢？必须让观众受到触动。

我认识的朋友都喜爱电影。如果你是个例外，如果你还是不明白我要表达的重点，那么请耐心看下去就会明白了。为什么这么多人喜爱电影？我这么问别人时，他们大都这样说：

* 电影既好玩又有趣。
* 电影让人暂时远离日常俗务。
* 你可以从电影中学习和成长。
* 电影让你从不同的角度看事情，也让你拥有独特的体验。

说得有道理，以我们先前在本章讨论的观点来看就是这样，不是吗？不过，在洞悉这些见解的背后，你会发现一个鲜为人知的秘密。这个秘密就是感受。因为喜欢电影而被激发的感受的存在，所以我们喜爱看电影。事实上，我们根本不关心屏幕上的内容，只关心屏幕上的内容在我们身上所激发的感受。

同时，这也是人们喜欢阅读，参加和观看体育活动、听音乐、看表演、打电玩、坐摩天轮、玩花式跳伞、登山、蹦极等诸如此类活动的原因，所有这些都跟感受有关。外在体验的重要性，在于它所引发的内在感受的强度。

想想你最喜欢做的事——你喜欢参加或观看的某种游戏，你喜欢做的工作，你觉得很好玩的事。然后问自己："我为什么这么喜爱这个活动？是什么东西真正吸引我？"你会知道，你真正喜爱的是内在感受，也就是这个活动所引发的内在情绪。

人性游戏的情况也是一样。本质上，人性游戏只跟感受有关，在纯体验式影视剧屏幕上发生的每件事，只是一个引发特定感受的诱因，支持你以自己选择的方式，在人性游戏乐园里玩耍。

重点：

从本质上来看，电影、人性游戏和金钱游戏都只跟感受有关，跟思考、逻辑或理性无关。

让我再给你举个例子以加深你对这个重点的了解吧。我从不痴迷棒球，但是有一次，当我和热爱棒球的朋友聊天时说："我比较喜欢足球，足球的动作比较多，节奏也快。对我来说，棒球既缓慢又无聊。你为什么那么喜欢棒球?"

"棒球本来就是一种精神游戏，"他说，"棒球的乐趣来自观察概率性。每当有事情发生——不管是好球、坏球、界外球、触击球、一垒安打、二垒安打、三垒安打或全垒打——就会创造出全新的概率性组合。观察概率性和'如果……就可能发生……'的情境，就是棒球比赛的乐趣所在。"

人性游戏的设计，也是为了让游戏以类似的方式运行。人性游戏也跟探索"如果……就可能发生……"的情境有关，因为每次有事发生时，一切都跟着改变，必须考虑并运用崭新的概率性组合。要让我们继续对人性游戏感兴趣，要想继续玩下去，就必须这样做。

现在，真正有趣的部分出现了。在电影院里，你只是看电影，就算你让自己融入剧情中跟角色产生共鸣，但是你依旧知道你是你。你仍然知道自己是坐在电影院里看电影，也知道那是电影情节，它不是真的。你也知道这些情节跟你无关。总之，你跟电影里发生的事情是分离的。

但是在进行人性游戏的第一阶段时，你不仅观看，还完全投入到故事情节中。想象一下，你坐在电影院里，看到电影开始上映，你纵身进入屏幕，忘了真正的自己是谁，开始扮演电影中的角色，以为自己就是剧中的人物，也以为电影中的所有人、事、物都是真的。那就是我所谓的"纯体验式"，也是你在开展人性游戏时发生的事。

现在，让我们来看看好莱坞电影是怎么制作的。之后，我们再回过头来，了解人性游戏的纯体验式影视剧是怎么制作的。在制作一部好莱坞电影之前，必须先选择一个有趣的主题。电影必须跟某件事情有关。必须有某人想探讨的故事。接着是撰写剧本来详述故事如何展开。然后聘请导演、演员和工作伙伴，接着就开拍电影。当故事接近尾声时，电影的录制也就随之结束。

人性游戏的情况也一样。你必须在人性游戏乐园中，挑选特定的好玩的事物，撰写跟这些事项有关的故事。我将这些事称为使命或人生目的。我说的好玩的事物是什么呢？你在物质世界里看到的一切，都是好玩的事物。如果你正扮演家长的角色，那就是人性游戏乐园中的一个好玩的事物。如果你在某家公司任职，那么这个职务和这家公司就是好玩的事物。如果你在高校教物理，那么教学和这所高校就是好玩的事物。如前所述，复杂而又绚丽的金钱游戏也是一个好玩的事物。在你的"世界"里发生的一切，都是好玩的事物。

当你选择好要玩特定的好玩事物后，就开始撰写剧本，详述你在人性游戏乐园中，如何展开纯体验式影视剧的经验。和制作好莱坞电影一样，大我受雇担任导演，监督纯体验式影视剧中的经历，一路上给你指点和保护。然后聘请演员，也就是和你一起在人性游戏中扮演大大小小角色的一群人。你一出生，电影就开始，你过世时，电影也随即结束。

让我们迅速并有重点地回顾一下前文，你在电影上所看到的一切，是编剧的意图，制片人让意图成真的决定，也是导演对所提计划和整体目标的敏锐判断，以及不同演员对最终效果的表现力——这些内容的组合结果。换句话说，你在屏幕上看到的是许多创意活动的最终表现，而你并没有看到这些创意活动。然而这些你没看到的创意活动才是你所看到的故事剧情的主因和来源。在我12岁时，祖父就是以这些看不见的创意活动让我大开眼界的。后来我花了数十年时间去了解并学习如何充分运用这些看不见的创意活动，我在后面的章节会谈到它们。

在人性游戏中，同样有你看不见的创意活动。这些创意活动为你创造体验，使你受困于金钱游戏的限制中，而它们也能让你最终从金钱游戏中彻底解脱出来。当你准备好去了解这些看不见的创意活动的真相时，请继续阅读第四章。

第四章　大现光明

根本没有"外在"。①

——物理学家　约翰·惠勒

我在前两章跟你谈到了许多学问，或许你认同所有说法，或许某些说法让你大感惊讶，或许你不明白这门学问跟金钱或从金钱游戏中彻底解脱有什么关系。你很快就会知道，这门学问是彻底解脱流程的关键部分，它让我们做好了准备，可以开始探讨这门为人生提供实用价值，被前沿科学所记载、证实并深化的学问了。

有关这个科学研究的文献多达数千册，我会一一精要地论述。因此，我也要说明一些关键概念，若你想深入了解，请参见附录列出的相关资讯。

要玩游戏，包括人性游戏和金钱游戏，我们必须有工具、配套资源和展开游戏的游戏场。以棒球为例，游戏发明者完成构想后，在实际展开游戏前，必须创造球场、球棒、球和手套。

人性游戏的情况也一样。谈论或思索"去创造纯体验式影视剧和相应的巨大乐园的可行性"是一回事，实际建造这样的乐园并让其顺利运行又是另一回事。所以我们现在要讨论，我们的乐园（三维空间现实）是如何被创造出来，并帮助我们进行人性游戏的。

在整个人类历史中，人们一直在设法搞清楚物质世界是如何成形和运行的，以及它受到哪些法则的支配。为了解决这些谜题，科学家一直在将物质世界拆分为越来越小的组成部分，以了解根本要素为何，以及这些要素之间是如何组织的。

当科学家们越来越深入地研究，他们开始发现越来越小的粒子，如细胞、分子、原子、质子和电子。不过，当科学家研究亚原子世界时，他们发现了更小的粒子，这些粒子的表现似乎不再遵循通常的物理定律。这些发现引发了一连串的突破，就是如今所谓的量子物理学。

我开始接触量子物理学时，一点也不懂那是什么。我觉得很头痛，这方面的书籍艰涩难懂，要花很多时间才能读完。但是我感觉到，其中有我想要的重要拼图，所以我坚持下去了。最后，功夫不负有心人，我开始找到线索，并清楚地知道重要拼图就在那里，等着我把所有拼图收集好。现在，我会跟你分享这一切。

大卫·波姆这位科学家是量子物理学领域里率先取得突破的先驱。波姆总结说，只有把我们日常生活的有形现实当作是一个幻象时，才能解释科学家在亚原子世界里看到的奇怪现象。波姆断言——在我们所谓的现实之下，有更深层的秩序存在，那是更巨大也更基层的实相，它创生出万物及整个物理宇宙。

迈克尔·塔尔伯特在其著作《全息的宇宙》中，对此做了概述：

换句话说，有证据显示，整个世界和世间万物——从雪花、枫树、流星和旋转电子——都只是幻影，是远在人类世界、时间和空间之外的实相层面的投射。[2]

受波姆的启发，许多科学家继续寻找波姆所谓的更深层的秩序。他们最终在一个所谓的巨大智能场中发现了这个秩序，在科学领域通常称之为零点场（Zero Point Field，后面均简称为"能量场"）。

能量场是纯能量的存在，它具有无限的潜能，只是尚未显化成任何实物而已。然而，这种无限潜能可以创造出任何东西。当科学家们继续研究能量场，他们发展出一种理论，说明物质世界是如何从能量场中形成的。这个理论包括 4 个要素：

1. 能量场
2. 粒子
3. 物质世界
4. 意识

我已经介绍过能量场和粒子的定义，你也了解物质世界是什么。"意识"就是物理学家所谓的能量，有人称为"心智""本源""梵天""上帝"，在人类历史和不同文化中有许多不同称呼。意识不是物质，却是人们所说的"物质层面"里万事万物背后的创造力量。

为了讨论人性游戏的运行模式，我打算把意识定义为"真正的你"，把你定义为"无限存有"，也就是先前说的"大我"。换句话说，你就是意识。

依照你当前的信念，如果你相信上帝，或相信有至高无上力量的存在，你就可能会轻易接受这种说法。不过，你可能需要把这个概念做细微的调整，你可以认为上帝或至高无上的力量赋予了你"意识"和力量进行人性游戏。这方面并不会有任何冲突或问题，只是看你选择如何去看待了。需要理解的是，你所体验的一切都是由你的意识所创造，要从金钱游戏中彻底解脱，理解这一点绝对很重要。

接下来，我要说明这其中的科学依据。能量场存在于一种无限可能性的状态，意即任何事的发生都有可能，从能量场中可以创造任何东西。不过，当意识以特定意图聚焦在能量场中创造某样东西的时候，这个无限可能性状态就会瓦解成由那个意图所决定的单一可能性。以量子物理学的术语来说，就是"瓦解波形"。

一旦发生这种瓦解，就会创造出物质世界的幻象，物质粒子就出现在那个幻象中，并以特定的方式组合，"打造"出预期的事物、跟我们在日常生活中互动的生物，及其所显现的运行法则。而这整个过程是由原先在能量场中聚焦的意识的意图来具体化并一步步实现的。

重点：

深入探究物质世界的任何事物，如果探究得足够深入，最终会接触到能量场。

芭芭拉·杜威在其著作《意识与量子现象》中谈道：

这就像上帝说的："如果我打算成为肉身，就必须把那些让物质世界运行的所有法则一并带去。我要先创造一个微小粒子，通过这个设计，先创造宇宙，再指挥宇宙表现出诸如重力、磁力、强作用力等行为，并依照我建造时的意图各行其职。同时为了让自己方便行事，我还会发明感觉，让那些感官系统以为自己看到、摸到、听到了真实的事物，以为自己看见了空间并感受到时光的流逝，而事实上，这些看似真实之物只是个幻象。"①

简单讲，科学家正在验证，除非你的意识以特定意图聚焦于能量场中创造感觉，否则你无法看到任何东西（包括钱）、听到任何东西、感觉到任何东西、体验到任何东西（包括财富的跌涨）。

举例来说，除非你的意识有意图要看到本页的内容，然后聚焦在能量场上，创造出一个个的粒子，组成每一页纸，形成每一个文章片段而让你看到本页内容，否则你是看不到的。这本书本身并非是独立的存在或具有任何力量。在整个过程中，只有你具有实质的力量，也只有你实际存在。

再举个例子，除非你的意识有创造和逐步实现的意图，并且它还聚焦在能量场中，让你看到活期账户或账户中的任意存款数目，否则你根本无法看到这些东西。活期账户和存款数目并不能独立存在，它们本身也不具有力量。在此过程中，你才是唯一的力量和实际存在。要相信这一点很难吗？可能吧！然而这是真的吗？千真万确！耐心听我说，你会明白的。

量子物理学和意识研究领域中杰出的科学家阿米特·戈斯瓦米博士在电影《我们到底知道什么?》中，谈到了这种现象：

我们都有这样的习惯：认为周遭一切的存在，都不是由我设定或选择就已经存在了。你必须摒弃这样的想法。

其实，你必须切实认识到，即使我们周遭的世界，包括：椅子、桌子、房间、地毯、时间，这一切都只是意识的运动。而且我时时刻刻都在选择，让我的实际体验具体显化。

这是你唯一要做的激进思考。但是因为这种思考如此激进，因为我们一直倾向于认为世界已经在那里了，它们跟我的体验无关，所以这样思考显得似乎有点难。

事实却不是这样。量子物理学对此一直很清楚，量子物理学的共同发现者之一海森堡曾说过："原子什么也不是，只是各种趋势。"

所以，与其思考事物，不如思考可能性，一切都是意识的可能性。[④]

观察者正创造自己所观察到的一切，而且观察者与被观察到的一切密不可分，这就是科学界为什么要进行双盲实验的原因。为什么？因为科学家知道，如果他们以某种方案或预期结果进行实验，就会让实验结果产生偏差。他们知道仅是"观察某件事"这个微妙的动作，就会因为观察者的不同而导致结果的不同。

芭芭拉·杜威在其著作《意识与量子现象》中谈道：

因果法则可以用于追溯意识。我们把"因"摆在"果"之前。我们认为结果是依据循序渐进的过程而产生。首先，我们的卵子和精子结合成受精卵，接着细胞分裂，最后形成胎儿。我们说的卵子和精子是所有结果的起因，让婴儿最终诞生。不过，以意识的观点来看，造"人"的想法是这整个过程的"因"。中间的步骤是人类的创造及想法的"果"。换句话说，意识将因果颠倒了。对意识而言，因就是最终的果，因所产生的果则是物质现实的开始。[①]

要继续探讨这个想法，我们先以人体为例。以科学家的观点来看，人体是经由亚原子组成原子，原子组成分子，分子组成细胞，细胞组成器官，器官组成系统，最后由所有系统构成的。一旦组成，为了让身体发挥其功能，各个器官和粒子要完成特定且极为复杂的任务。不过，这一切的真正来源就是能量场和意识。

花点时间想想这件事。要做到这一点，大量的粒子必须：

* 以特定的方式组合。
* 一旦组合成不同的形状和形态，就要"粘在一起"，维持这种形状和形态。
* 学会如何完成自身各式各样的任务。
* 能互相沟通，以提高完成任务的效率。

是意识从能量场中创造粒子，"告诉"粒子该如何组合并粘在一起，教导粒子如何完成自身的任务，以及让它们在完成任务的过程中互相沟通的。

当你打棒球、篮球、足球、排球、垒球或高尔夫球时，要你先"去了"才能打球。但是进行人性游戏时，你哪里也不用"去"。你在你的意识里就可以创造整个人性游戏和整个乐园，这就是你展开游戏的地方。我们在后面的章节会详述此事，现在我要先播下种子，因为这是真相，是让你从金钱游戏中彻底解脱的关键。另外，如果你接受我在本书末尾提出的邀请，你就能拥有令人狂喜的体验，因为意识创造你所体验的一切，包括金钱及你运用金钱所体验的一切。

现在，回想一下我在第二章和第三章跟大家分享的学问，依据你现在的了解来重新审视。在第三章中，我告诉大家，"真正的你"是拥有无限力量和创造力的无限存有。你有没有发现那个说法跟科学家认为能量场是意识和无限潜能的组合，两者如出一辙？

我认为说到底，人性游戏就是探索"如果你原有的无限力量受到限制约束时会发生什么事"。你是否发现那种说法和"将意识聚焦于能量场中，将无限可能性瓦解成单一可能性，也就是我们所说的物质世界——事物和生物，然后让我们在物质世界里探索"的游戏，两者又是惊人地相似？

我认为要进行人性游戏，就必须创造出一个展开游戏的场所，然后说服自己这个游戏场是真的。你是否发现这种说法跟"意识创造了物质世界"这个理论是多么一致？你已经知道人性游戏的游戏场看起来有多么真实。

在下一章里，我会进一步告诉你，游戏场及游戏场中的一切（包括身为玩家的我们）其实是如何被创造出来的。但是现在我们需要回顾一下三个重点，希望你牢记在心。

重点：

* 意识创造了你所体验到的一切，包括最琐碎的细节（包括金钱与金钱游戏的各个层面）。

* 你和大我都是意识，所以你正创造着你所体验到的一切，包括最琐碎的细节（包括金钱与金钱游戏的各个层面）。

* 人性游戏是完全在意识里面进行的游戏，所有细节都是由大我为你量身打造的，为了帮助你以你所选择的精准方式进行人性游戏。

要相信自己可以创造自己所体验到的一切，这很难是吗？就拿做梦为例。你躺下并闭上眼睛睡着，然后体验。在那些梦境里，你的意识创造了整个世界——人、场景、事物——而且它们看起来绝对真切和实在，其实则不然，一切都是虚构的，都是你的意识创造出来的。你做白日梦或运用想象力创造视觉化体验时，情况也是如此。

思考一下这件事。做梦时你似乎是通过梦中的那个自己在看，对吧？不过在梦里，你似乎是旁观者，看着在梦中的你，对吗？但是，情况根本不是这样。这一切梦境发生时，你在哪里呢？你不只是梦中的你，也是梦中的一切事物。在梦里跟你互动的所有人、所有事物和所有生物都是你。你是梦境本身，而这一切都是你的意识创造的。

真的好好想一想吧。事实上，如果你今晚做了一个栩栩如生的梦，哪怕你觉得那个梦只有几分钟，也请你观察这个现象。你在梦里看到的人、事、物和生物（动物、植物等）都好像真的，但是他们其实不在那里。这一切都是你的意识创造的。

"这些跟金钱有什么关系？"是这个问题在困扰你吗？如果是，请耐心听我说。我答应你，你很快就会清楚的。只要再多几片拼图，就能弄清楚其中的关联。

如果你想了解意识是如何具体为人性游戏创造游戏场的，想了解这些细枝末节为何是"钱是如何来的"的关键，想了解如何运用这个关键让你从金钱游戏中彻底解脱，请阅读第五章。

第五章　钱是如何来的

托托，我觉得我们已经不在堪萨斯了。[1]

——电影《绿野仙踪》女主角桃乐丝

要从金钱游戏中彻底解脱，就必须深入了解人性游戏的游戏场是如何被创造出来的，了解你的"大我（意识）"是如何创造出你当玩家时的所有体验——包括收支平衡以及生活中现金的进进出出。为了让你更深入地了解这些，我要跟你分享一个隐喻，这个隐喻就是全息图。

我努力学习量子物理学，想从中获取拼图的图片，并组合到日益扩大的模型中，我发现一切都跟全息图有关联。当我深入研究并学习全息图的真正本质时，才恍然大悟，原来这才是我需要的拼图图片。

全息图是看似真实的立体对象或景象所产生的影像，是幻象，而非真实。进行量子物理学的前沿研究及相关研究的许多科学家相信，全息图是说明物质世界的幻象如何看似真实的最适当隐喻。我同意他们的看法。科学家使用这个隐喻时，深入到全息图的许多面向以支持他们的研究。但是在本章中，我只聚焦在两个关键面向。如果你想了解更多这方面的资讯，请参见本书附录。

如果你认为自己在电影《星球大战》、信用卡防伪标签或其他地方看到过全息图,那么你看到的东西虽然具有三维立体外观和感受,却不像是真的。这些例子只是全息图真实力量的粗糙说明。但如果你看电影《黑客帝国》《星际迷航》,或其他使用"全息体验舱"角色的电视节目,你会看到运用全息图可能做到的事。事实上,我在举办从金钱游戏中彻底解脱的现场活动时,会播放《黑客帝国》《星际迷航》和其他电视节目与电影的剪辑,让参与者对全息图可能做到的事留下强烈的视觉印象。你可以在本书附录中,找到这些影片的名单。

迈克尔·塔尔伯特在其著作《全息的宇宙》中说道:

同样支持全息构想的物理学家、斯坦福大学材料科学系主任威廉·蒂勒,也同意这个说法。他认为现实世界跟电视剧《星际迷航——第二代》中的"全息体验舱"类似。在这个系列影集中,全息体验舱让乘坐者对其想要的任何实境进行全息模拟体验,例如:茂密的森林或喧嚣的都市。体验者可以依据自己想要的方式改变各项模拟,例如:多出一盏灯或让某张桌子消失。蒂勒认为宇宙也是由众生的"集合"创造出来的某种全息体验舱。"我们创造宇宙作为一项体验工具,也创造治理宇宙的法则,"蒂勒声称,"而且当我们确切了解此事时,其实我们就能改变法则,同时也创造出新的物理学来。"[2]

为了说明全息图这个隐喻是多么的有趣，我打算先引述科学说明，再回来简单地举例说明。全息图是通过一个相当特殊的过程创造出来的。假设你想制作苹果的全息图，必须先让激光照到整个苹果。同时让第一道激光反射形成第二道激光，将它们产生的干涉模式（两道激光交汇处）留影在底片或全息版上，如图 5.1 所示。

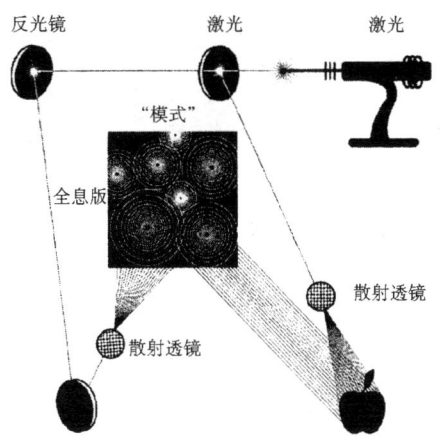

图5.1　全息"模式"的制作过程

在这个例子中，印在底片上的模式会包含苹果的特定信息——跟苹果一模一样的红色和苹果皮上的其他细节，还有苹果的大小、曲度和形态，苹果梗的大小、长度、位置和颜色，以及苹果不小心被摔后，在苹果皮上留下凹痕的大小和位置等诸如此类的事。

将底片显影后，看到的只是一些明暗线条组成的旋涡，好像没什么意义。但是只要用一道激光激化，就能在空中出现看起来如假包换的立体苹果影像，这个影像精准地描绘出模式中存储的所有信息，如图 5.2 所示。

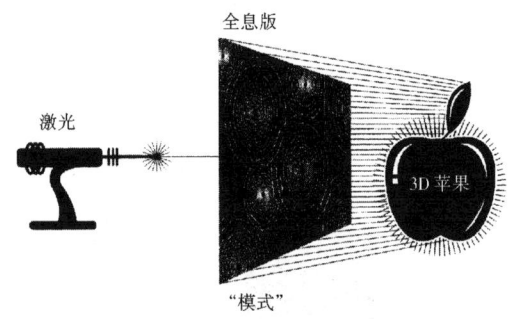

图5.2　全息图的制作过程

随着《黑客帝国》或《星际迷航》的全息体验舱、工程师和科学家目前的实验、好莱坞特效和动画工作室都开始运用全息图，相当精巧的全息图开始通过电脑、软件程序和复杂的数学运算相继问世，创造出全息幻象。

在全息图隐喻中要注意的两个重点是：

1. 要创造一幅全息图，也就是某个实物的幻象，必须先创造出包含此幻象所有信息的模式。

2. 要实际看到这幅全息图，你必须把巨大的能量灌注到模式中，然后才能让幻象出现，让它看起来就像真的一样。

换句话说：模式＋能量＝幻象

下面是模式中包含的要素，它们关系到你的意识创造出物质世界及万事万物这个幻象的过程，并让这个幻象和真的一样，让你彻底受骗，以允许你进行人性游戏的第一阶段。

* 你的意识带着意图进入无限可能的能量场，这个意图是"创造某种东西，让它真实地呈现在人性游戏的乐园中"。你想创造的东西可能是某个人、某种环境、某种东西、某种动物、植物、活期账户存款、现金，等等。接着，你的意识在能量场中创出一个模式，这个模式包含你想真实呈现的内容的所有必备细节——包括跟你（人格面具）和你创造出来跟你一起进行人性游戏的其他玩家的所有细节（身材、体型、头发颜色及长度、个性、"背痛"等）。在大众文化中，这些细节模式又称为"信念"，这部分稍后再详述。

* 接着，你的意识把能量（来自你自身源源不绝的无限能量）灌注到这个模式上，你想要的全息幻象就随之显现出来。

* 由于这个模式巨细靡遗，是被巨大能量灌注而让幻象

真实出现，所以看起来如假包换，让人完全信服。这个概念的说明如图 5.3 所示。

图5.3　意识如此创造出三维世界

当你从婴儿逐渐长大成人（一切都是全息产物和幻象），能量场中的模式（信念）的数目呈指数式倍增，形成相当复杂的游戏场，也就是你所谓的现实世界和你的人生。"大我"控制在模式中会加入什么，因此也在控制全息幻象中出现什么——一切都是由你的人生目的与任务所主导的绝妙计划，它们支持你以自己想要的方式，进行这场人性游戏。

重点：

跟观看电影、戏剧或体育活动不一样，你并非"观看"人性游戏。大我在创造全息图的同时，也让你成为人性游戏中的玩家。

如前所述，人性游戏的第一阶段就是把自己完全融入到这个三维世界的幻象中，让自己信以为真。你的意识和大我是真的，能量场也是真的。大我在能量场中创造的模式是真的，但是在人性游戏第一阶段，你在全息图中看到的其他事物和经验，只是全息幻象。或许你现在能接受这种说法了，也或许不能。但是，如果你想从金钱游戏中彻底解脱，就必须了解幻象是如何让你误以为是真相的，我会在后面的章节告诉你怎么做。

在创造幻象的流程中，其中一个关键是：你身为无限存有的能量，正是通过能量场中储存了诸多细节的模式在熠熠生辉。记住，人性游戏的设计宗旨就是要骗你相信幻象是真实的。因此，以你当前的眼界，是完全想象不出存储在能量场中的模式数目，以及让你对幻象所灌注的能量值信以为真的。

重点：

只要全息幻象中的任何细节不清晰或看起来不像是真的，幻象就会马上消失，人性游戏也随之结束。这种情况是不允许发生的，所以要投入巨大的心力，让一切看似真实并令人信服。

让我拿最近发生的例子来说事吧。在电影《指环王》中，有一个角色名叫高伦。虽然这部片中所有人类角色都由真人扮演，但高伦是主要由电脑合成的角色。在制作最后一集《指环王：王者归来》时，创意团队设计出一个让你信以为真的人造世界。由于在好几幕中，高伦需要和其他人一起出现在这个人造世界中（看起来跟真实世界一样），创意团队不希望高伦看起来像假人，因为这样的话，幻象就会破灭，你也会觉得电影不好看。因此他们需要高伦看起来就和真人一样。

尽管高伦是电脑合成的产物，但是他的动作和表情都是通过演员表演获得，然后用演员的动作捕捉技术。通过这种技术，演员的动作被直接记录在三维空间，再转换到高伦身上。

好莱坞特效和动画在这方面已经有相当大的进展，让动画人物、怪兽、生物、场景和对象栩栩如生。有趣的是，谈到让电脑动画把真人模拟得栩栩如生这件事，其中一个最大的挑战就是头发，头发是相当复杂的产物，有很多层、很多角度。而且人在走动时，有风吹过时，头发干或湿时，都会出现很大的改变。因此，把头发模拟得像真发一样，是目前动画制作者无法完全实现且极为复杂的挑战。

随着好莱坞推出越来越多的影片，大多数电影工作室都会投资动画制作并将其发挥到极致，用更好的方式来叙事并让其与众不同，以吸引观众前来观看。现在，大多数观众对视觉效果有很高要求，期望看到崭新的特效——例如：头发、让人信以为真的恐龙、大猩猩或超人。

由于特效和动画专家一心一意要让高伦的头发跟真的一样

（即便高伦没有多少头发），他们跟几家规模最大的电影工作室合作，花了几个月时间和数百万美元，找到杰出的程序设计师，终于设计出能做到这种效果的电脑算法和软件。这件事听起来很疯狂或太离谱了吗？如果是的话，请你记住这样做事关重大。如果幻象破灭，整个计划也会泡汤——也拿不到数百万美元的票房利润。

人性游戏及你所谓"现实"的全息幻象也是一样。除非大我在能量场中创造一个模式，灌注能量产生幻象——模式中的所有事物就是你将看到和体验到的（包括金钱、银行存款和财务报表），否则你则根本无法看到或体验到任何东西。和好莱坞电影一样，意识持续发挥到极致时，会创造出更为精致和复杂的模式，让幻象越来越像真的。

如果你现在看看脚下的地毯上有一个污点，或是木板上有道刮痕，这些都是能量场中模式细节的结果。那里根本没有地毯、没有污点、没有地板、没有刮痕。一切都是虚构的，都是幻象。但是幻象必须相当复杂，相当仔细，相当精致，否则就无法骗到你。即使再微小的细节，如果不到位而没办法让你信服，"游戏就玩完了"。

重点：

完成人性游戏乐园的幻象，让其中所有的人、事、物都栩栩如生，这可是一项惊人的成就，也正说明真实的我们拥有多么惊人的一面，拥有多么惊人的能力。

但是除此之外，如果你打算在全息图中创造一个人体幻象，这个幻象不但要栩栩如生，还要为进行人性游戏提供绝佳的素材。比如说，你无法创造人体幻象，就让人体内部虚空。人体内必须有某些人们可以通过生物学和医学，进行研究的东西。所以人体必须以看似由亚原子、原子、分子、细胞、器官和系统所组成的方式创造出来。因此，人体看起来具有静脉、动脉、血液、心脏、大脑，等等。

再举一例，如果你要在个人全息图中创造海洋，就不能只创造海洋表面，也必须创造海洋底下的世界，让人可以潜入海底玩耍及研究（通过游泳、浮潜、潜水和海洋学）。如果你打算在个人全息图中创造太空，就必须创造太空中出现的东西——恒星、行星、彗星、银河系和黑洞——这样，人们就能仰望天空，对太空大加赞叹，进行探索，甚至飞越太空（天文学和宇宙飞船）。

如果你创造数十亿人，他们可不是无缘无故冒出来的，你必须创造情节，对其加以说明，并让他们栩栩如生，而且你还要让每位玩家有东西可以玩儿（历史、进化、考古学）。以此类推，人性游戏乐园中的所有学科和万事万物就是这么来的。

像我们讨论过的那样，人性游戏第一阶段的目标是在能量场中创造模式，让全息图中出现幻象来限制你——隐藏你的力量、智慧和丰盛，让你确信自己跟"真正的你"完全相反。难怪你到目前为止经历的许多事，包括跟金钱有关的事，都让你倍感挫折、困扰和辛苦，总是事与愿违。不过，这就是这些模式的设计宗旨，也是整个能量运用之处，是必须出现在你个人全息图中的结果。

对于我们的生活和我们融入其中的全息图，我们都能想出一长串的抱怨。如果你想想此事，我相信你宁可让很多事从你的生命中消失，而让其他事出现或增加（如：财源滚滚），让某些事有所改变或在不同方面有所改善。依据设计，身为人性游戏第一阶段的玩家，我们相当擅长严厉地评判全息图中的万事万物，这部分会在第八章和第九章详述。

然而如你所知，真相是，我们都是既高明又惊人的创造者——你或许会说，我们是精通量子特效的动画制作人。你在个人全息图中看到的东西，都不是真的。不管你评判它们是好是坏、是比较好或比较坏，一切都是幻象，都是虚构，都是镜花水月。我们其实可以让镜花水月看起来很真实，这件事根本就是奇迹。事实上，我们可以审视着一个绝对的奇迹，评判它不好、很粗糙、很糟糕，可怕极了，需要改变、修理、完善，或想让它消失不见，当然，这简直是更大的奇迹。而且，我们其实可以运用自己虚构的事物说服自己，你跟"真实的你"完全相反，这简直太神奇了。

你就是创造幻象的天才。幻象魔术师大卫·科波菲尔可要当心了！

有件事就算你还没想过但早晚会想到，所以我想现在就提出来讨论。一直以来科学家都在研究全息图，因此，虽然他们认为全息图是真的（其实他们研究的也是幻象），但在幻象里，尤其在量子物理学和相关科学领域中，我们为自己留下了寻找真相的线索，我在本章和前面的章节已经跟你分享过。

重点：

* 你＋大我＝意识。

* 你不只观看整个全息图，也亲自创造全息图中的一切，包括全息图中的你。

* 你所体验到的一切，没有一样是真的。

* 一切都是虚构的。

* 一切都是由你的意识创造出来的。

* 大我直接连接着能量场。

* 大我设计模式。

* 大我管理能量，将其运用在模式上。

* 大我根据你决定进行人性游戏时所选择的人生目的和使命，来控制让哪些人、事、物会出现在你的全息幻象中。

在此，我想把这件事跟金钱先做一个简要连接，到第七章时我们会再次详谈。钱为何物？和人性游戏中的其他事物一样，钱是全息幻象。钱从哪儿来？和人性游戏中的其他事物一样，钱源自你的意识。在全息图中，钱并非源自任何人或任何事，只不过你让自己以为是这样。不管你目前或过去的财务状态如何，不论在你账户里存有多少钱，都是你运用巨大能量让这个幻象出现在全息图中的。

尽管现在听到这种说法，让你觉得风马牛不相及，但它却能让你从金钱游戏中彻底解脱。为什么？因为你马上就会知道，在人性游戏第二阶段，你有机会把第一阶段运用到能量场的财务紧缩模式中的能量回收运用，有机会瓦解那些模式，再次体验你在本然状态时的无限丰盛。这是既真实又可行的事，当我们一起进行这趟旅程时，我会循序渐进地告诉你要怎么做。

到了该给本章作总结的时候啦，请记住我在本书介绍中所说的话：不管你认为我跟你分享的想法是否合理或"对不对"，你不必照单全收。如果你接受我在第十五章提出的邀请，愿意飞跃到第二阶段，你的体验就会证明这一切，你会确定无疑地相信，我所分享的一切都千真万确。

我不知道对你而言，那些体验会是什么模样，因为在你的人性游戏中出现的一切，都是为你量身定做的。反正你可以用自己想要的方式，到达自己想去的任何地方。但是这当中会包括一些"奇异"的事，例如：你到一家商店买一件蓝色的衬衫，看着店员把蓝色衬衫放进袋子里，然后你回家后打开袋子时却看见袋子里面放的是粉红色衬衫。其实，根本没有任何蓝色衬衫，而是能量场中某个模式创造出了这个幻象。要大我改变模式说"这件衬衫是粉红色的"，根本是小事一桩。我和我的客户都有许多类似的经验，我会在第十二章跟大家分享一些故事，举例说明可能发生的事。

要了解在你的全息图中其他人究竟是谁，他们究竟如何跟你互动，可以帮助你展开人性游戏，请继续阅读第六章，继续让自己从金钱游戏中彻底解脱的旅程吧。

第六章　魔镜啊，魔镜

我们不可能都是屠夫、厨师和伙夫，但是如果你是厨师而我是屠夫，我们就可能生活在一起。[①]

——芭芭拉·杜威

每个人都是整体的一部分，这个整体被我们称为"宇宙"，它有着时间和空间的限制。人们体验着自己，体验自己的思想和感受，以为自己和别人是不同的个体，而这却是个人意识的障眼法。[②]

——爱因斯坦

有些游戏我们更愿意自己玩。但是大多数游戏需要和别的玩家一起玩，人性游戏的情况也一样。如果你为某个游戏设计了一个精巧的游戏场，但是游戏场里只有你，没有人跟你一起玩，就一点也不好玩，对你也没有什么好处，对吧？另外，回想我们在前一章的讨论，如果在整个游乐园中你是唯一的生灵，那么幻象就难以让人信以为真。

因此，要进行人性游戏，你必须在个人全息图中创造其他玩家，让整个幻象看起来更真实，以此来帮助你进行人性游戏，还要让整个幻象错综复杂些，好让你觉得有挑战、有兴趣且开心不已。就像在梦里，这些"别人"其实跟你无异。他们是你的一部分，是你的其他面向，是你的意识创造出来的。因此，我以"魔镜啊，魔镜"作为本章题目。

你可以把在个人全息图中其他人扮演的角色，看作是好莱坞电影中的演员。好莱坞演员根据情节和规定，出现在电影中。他们依照导演的指示进场和出场。如果他们同意扮演某个特定角色，就会拿到剧本，在特定场景说特定的台词，作出特定行动，而且言行都接受指示。

在好莱坞电影中，我们把挑大梁的演员称为主角，扮演小角色的其他演员称为配角，只出现一小会儿的角色称为客串演员。另外还有些演员需要当路人甲、路人乙，不必跟主角说任何话，也不会对他们产生任何影响，这些人被称之为临时演员。临时演员的存在只是为了让整个场景看起来更真实。

人性游戏全息图中纯体验式影视剧的情况也一样，而且极为有趣的是，你在世上"看到"的大多数人，都是临时演员或只是客串演员。如果你认真思考此事，尽管人性游戏乐园中看起来有好几亿人，但是只有极少数人真的与你互动，以及对你产生影响。

重点：

你可能很难相信，出现在你的全息图中的其他玩家，百分之百是你的创造物。在你的全息图中，大我通过"剧本"赋予人们力量或自主权，帮助你展开人性游戏的旅程。

在说明从金钱游戏中彻底解脱的模型这个重点时，我常听到人们这样质疑与评论："你是说，我的配偶、小孩、双亲、兄弟姐妹、朋友和主管都不是真的？他们只是全息幻象？不可能！我不接受这种说法，我可不想在心里贬低他们的价值。"

如果你有过这种想法，让我先跟你分享以下看法，然后我们再讨论此事。首先，不但别人都不是真的。在你的全息图中，没有一样东西是真的。依据我先前对"你"一词的定义，包括你和我，我们只是意识所创造的全息幻象的一部分，以便让我们进行人性游戏。

其次，如同我在前一章所述，在第八章和第九章我会再详述，人性游戏过程中的每一分每一秒，都是令人敬畏的奇迹，是不可思议的成就，是巧夺天工的创作。在我的模式中，一点也没有贬低任何人或任何事物的迹象，而是恰恰相反。

再者，如果你选择进行游戏的第二阶段，采取我在本书最后一章提出的行动步骤，我可以保证，当你与人性游戏中所创造的其他玩家一起体验第二阶段时，你就能亲自证实这些概念，你的疑虑将会被一扫而空。

当我分享这些概念时，大家不免想到怎么可能"我创造了你的同时，你也创造了我"，或者怎么可能"你创造了自己配偶的同时，对方也创造了你"，也质疑子女、主管、父母、兄弟姐妹如何互相创造等类似问题。在我们继续讨论之前，我会先讲清楚一个重点。在量子物理学中有一个概念称为纠缠体系，意味着如果你从逻辑或分析推理的角度去解决特定的谜题，就会陷入无止境的循环里。

举例来说，假如我对你说："所有的作家都是骗子。"我是在说真话还是假话？如果你想用逻辑来解答这个问题，就会陷入困境。如果我说所有作家都是骗子，那么身为作家的我说的就是假话。如果我在说假话，"所有作家都是骗子"就不是真的，那么结果应该是"至少有的作家是在说真话"。但是，当我说"所有作家都是骗子"时，我又在说假话了。所以，因为作家可以说假话，那么作家并非都说真话，于是你就陷入永无止境的循环里。打破这种循环的唯一方法，就是完全从中跳脱出来。

要弄清楚在别人的全息图中所发生的事，或自己在别人的全息图中所扮演的角色，一样会发生这种情况。你无法以逻辑解答这些问题。想办法弄清楚这件事，会创造永无止境的循环，让你一头雾水。在此跟你分享的这个模型，是为了帮助你从金钱游戏中彻底解脱，你必须时时刻刻聚焦在自己身上。这是你的全息图，你的纯体验，是你在三维空间乐园中玩的游戏，是你的意识创造出来的。

我再重复一个重点，以确定你了解我的意思：在你的全息图中，其他人只是按照你的指示说话做事。在你的全息图中，其他人没有任何力量，也无法独立存在或拥有自主权。在你的全息图中，他们百分之百是你的创造物，所以你只要关心自己的全息图，别人的全息图跟你无关。如果你想对此有多一点了解，那我就为你准备了一个很特别的礼物，那是我针对这个主题制作的简短的说明录音。只要到我的网站上点击播放或下载即可，网址是：http://www.bustingloose.com/thdream.html。

顺便告诉你，因为全息图中的一切都是你的意识创造出来的，所以在全息图中，你绝对安全并受到庇护。别人绝对无法闯入你的全息图，无法伤害你（或你关心的人）。在全息图中，看起来好像有人伤害你，那只是因为你在能量场中以那些细节创造了一个模式，你灌注能量让这个幻象出现在你的全息图中，让自己信以为真。尽管以第一阶段身为人格面具和个人体验式影视剧主角的受限观点来看，你会有种种评判，但其实你这么做的唯一理由就是完美地支持自己进行人性游戏。

重点：

在你的全息图中，一切都由你说了算。你拥有所有的力量（或权力），在你的全息图中没有任何其他的人或事能凌驾于你之上。

在你的全息图中出现的每一个人，都是由你的大我在能量场中创造出一个模式，并提供能量让这些幻象呈现出来。记住，凡是不按照这种方式创造出来的东西，就无法出现在你的全息图中，也无法让你看到或体验到。在能量场中跟其他人有关的所有模式，都是你创造的，他们在你的全息图中扮演以下三种角色：

1. 反映你对自己或自身信念的想法或感受。
2. 与你分享那些能给予你支持的知识、智慧或洞见。
3. 让某些事发生，在你的人生旅途中给你支持。

现在，我们逐一分析这三种可能性。

反映

芭芭拉·杜威在其著作《如你所信》中提到：

万事万物彼此分离的幻象不但象征我们的自我怀疑和疏离，也让我们有机会把各种对立所产生的内在痛苦表现出来，进而加以克服。我们从别人身上看见自己；我们憎恨别人的某些作为，正是我们憎恨自己的作为；别人有让我们喜爱之处，但这也正是我们喜爱自己之处。我们跟别人竞争，因为我们在心里跟自己竞争。我们奖惩别人，也奖惩自己。分离的幻象让我们有机会把内在的压抑化解成真实合一状态中那无条件的爱。如果没有这种幻象以及我们对他人的回应，我们绝不会知道有这些压力存在。

请注意，芭芭拉·杜威用到自我怀疑、疏离、痛苦、憎恨、惩罚和压抑这些字眼。你瞧，这一切不就跟你第一阶段的目标完全符合，也就是创造自我设限的幻象，让你相信你跟"真正的你"完全相反？

如芭芭拉·杜威所言，你把许多人放到你的全息图中，让他们反映你对自己的想法或感受，在人生旅途中给你支持（在人性游戏第二阶段的重要性更高，后面的章节会对此再做详述），或展现出你对幻象的某种信念。举例来说，如果你相信自己必须经常服用维生素并运动才能保持健康，那么你就会在全息图中放进去一些时常服用维生素和时常进行运动的人，并把这个信念反映给你。

如果你相信细菌学说，认为人类之间相互传染疾病而导致你"着"凉或"得"流感，那么你就会在你的全息图中，摆一些看似生病的人，你或家人就会因为跟他们接触而生病，向你反映这个信念。这是相当普及的信念和想法，尤其当你有小孩在学校读书时。

如果你认为"自己在职场上总是不受重视，也未领到应得的薪资"，或者"亲朋好友跟你借钱却不还钱"，或是"别人总是运用各种机会占你便宜和欺骗你"，你就会在全息图中设计一些演员，证明并提供证据表明这些信念是真的。

再举一例，如果你在全息图中创造一些人，卑鄙地对待你或忽视你（在我年轻时，当我完全融入第一阶段的时候就是这样），这只是设法反映你曾卑鄙地对待自己或忽视自己。

有段时间，我对世界充满愤恨，我对周遭的每个人都恶言相向。我在自己的全息图中创造了一只狗，用同样激烈的程度向别人狂吠，其叫声之大，让我认为这只狗可能会内脏破裂或心脏病突发。当我走过那个阶段之后，那只狗便突然死了。

这方面的例子多得不胜枚举。从我个人生活经验以及我跟全球各地客户共事的经验，"反映"可能相当微妙又复杂，跟人性游戏的本质一样。我们会在后面的章节进行详述。

知识、智慧和洞见

要玩人性游戏，有时候就要给自己特定的知识、智慧和洞见，支持你继续进行这场游戏。因此，你会在自己的全息图中创造一些老师、发言人、专家、朋友、同事和陌生人直接教导你，或通过你创造的书籍、报纸杂志、磁带或视频指点你。

身为无限存有，你能即刻接通所有的知识、智慧和洞见，但是在进行人性游戏时，你可以设计好，让知识、智慧和洞见看起来好像是由别人教给你的。其实你只是在能量场中设计一些模式，灌注能量让这个模式在全息图中制造幻象——就像你设计让自己看到本书一样。

让某些事发生

我在第二章以棒球为例来说明如何设计人性游戏，让你探讨"如果……会发生什么事"的情境，当概率发生改变时，你就能有趣地盘算可能性，观察一切事物如何随之改变。

因此，你经常在自己的全息图中创造一些人并使一些事发生，支持你按照自己想要的方式进行人性游戏。比方说，你可能在全息图中创造某个人给你一份工作或把你开除，在生意上跟你签合约让你获利丰厚，为你引见有影响力的人，给你提供投资情报，借钱给你，说或做某事冒犯你或让你不舒服，开罚单给你，或闯红灯撞到你的车。不论是哪种状况，这些人都为你敞开大门推你进去，在你纯体验式的影视剧中制造一些强有力的事件，支持你以自己想要的方式进行人性游戏。

如果你接受本书结尾部分的邀请，并且选择开始第二阶段的游戏，你就会在自己的全息图中创造许多人，支持你从能量场第一阶段的受限模式中收回力量，并帮助你从金钱游戏中彻底解脱。这就是你创造我在这里帮助你这样做的原因。

现在，你已经读完所谓的基础部分，并准备好要进入实操部分。不过，在此之前，我们再从你已得到急剧拓展的观点，来重新审视一下金钱游戏，请继续阅读第七章。

第七章　开启你的透视眼

世上有很多奇事是我们看不见也无法看见的，没有人能把它们都想象出来。①

——《纽约太阳报》编辑弗朗西斯·丘吉尔（1839—1906）回应小读者维吉尼亚·欧汉伦：世上真的有圣诞老人吗？

见他人所不能见者，方能成他人不能成之事。②

——弗兰克·盖恩斯

我是看超人漫画长大的。超人有透视的能力，能看到别人无法看到的东西。你已经知道人性游戏、能量场、意识、全息图和显化机制，现在你就能启用自己的透视力啦。现在你有能力看到别人无法看到的东西。该是你彻底觉悟的时候了，启用透视力来强化这种能力吧。如果你继续跟我一起进行这个旅程，接受我的邀请，飞跃到第二阶段，那么你越多地运用你的透视力，它就会越强、越有穿透性。

不过，我必须警告你，以透视力看待金钱游戏，会让你感到很困惑。我在简介中提到过，有时候你会觉得茫然、生气，或好像被木板打晕了。你很有可能会这么想：

* "他疯了吗？"

* "他是在开玩笑吧！"

* "我买这本书时并没想到内容会是这样！"

* "绝对不是这样！"

* "一派胡言！"

这是意料之中的事。但是，我必须先摧毁你脑海中旧有的思维线路，才能装上新的线路，让你的生活出现新的能量回流。所以请准备好迎接面前的重大挑战，也请你了解如果想开启通往新世界的入口，让自己从金钱游戏中彻底解脱，就必须这样做。

也请你注意，从现在开始，本书后面的内容是要帮助你运用自身的透视力，并提醒你在第一阶段中隐藏了哪些限制、约束和幻象。我会用粗体字强调。

金钱游戏是一个杰作——是名副其实的天才之作。它是作为人性游戏第一阶段的基石而被创造的，目的是为了限制、约束。彻底领会它的绝妙之处，对你来说非常重要。所以，我们先用你的透视力审视一下金钱游戏的核心规则。在第一章中，我们讨论过金钱游戏的三大规则：

1. 财源供给有限。

2. 金钱会流动。

3. 为了增加个人财富，你必须更努力或更聪明地工作。

现在我们用透视力，重新审视这三个规则。

财源供给有限

根据你目前所知，这是真的吗？

不是！

钱究竟从哪儿来？是从能量场中某个包含金钱所有明确细节的模式而来。如果这些细节包含了个人、企业、州或国家金钱数量的多寡，在全息图中就会看到并体验到这些事。如果模式中包含的细节改变了，我们看到和体验到的事也会随之改变。

你在能量场中插入的模式数目或细节有任何限制吗？

没有！

那些你可以启用的，将各种模式变成全息图中看似真实幻象的能量会受到任何限制吗？

不会！

那么，综上所述可以得出的合理结论是什么呢？你和世界所拥有的财源供给是没有限制的。

金钱会流动

概括一下这个规则涉及的几个重点：

* 在你的人生中，金钱会流进和流出。

* 金钱就在那里，你必须走出去拿到钱，把钱带入你的生活中。

* 你花钱时，钱就从你这里移动到别人那里，然后你的钱就变少了。

* 你有收入和支出，你必须管理这两者的变动，才能让收入超过支出，这样做才会有盈余。

* 如果你想提高生活品质，就必须增加盈余。

现在，我们再次启动你的透视力：如果意识和能量场是金钱的真正来源，全息图不是金钱的来源，那么金钱真的会流走、移动或跑到哪里吗？

不会！

你在全息图中，创造金钱流动的幻象，但这不是真的。你只是让自己相信金钱真的会流动。

真的有"外在"这个地方，让你可以"拿到"钱，把钱带入你的生活吗？

没有！

人性游戏是完全由意识创造并完成的游戏。

花钱后，你的钱就真的变少了，而别人、别家公司或别的机构的钱就真的变多了吗？

没有！

真正发生的事只是能量场中某个模式的一些细节发生变化了。

收入是真的吗？支出是真的吗？盈余是真的吗？如果你想改善生活品质，真的必须增加盈余吗？

全都不是真的！

以上跟金钱游戏第二项规则有关的论述都不是真的。你可以创造金钱流动、盈余和损失的幻象，并让自己信以为真（这可是一项杰作）。

你想想看，在电影中，金钱真的"流动"了吗？如果在电影里某人赚了 100 万美元或赔掉 100 万美元，年薪高达 15 万美元，或是他买彩票中了大奖，继承了一大笔遗产，这些事就是真的发生了吗？没有。一切只是幻象，就跟你的全息图中金钱流动的幻象一样。

为了增加个人财富，你必须更努力或更聪明地工作

概括一下这个规则涉及的几个重点：

* 生命中你无法想要什么就有什么。

* 凡事都要"花钱"。

* 你想要的每样东西，都会让你"付出代价"。

* 你必须为钱"卖力"。

* 你必须"赚"钱。

* 有些人有赚钱的本事,有些人则没有。你必须很会赚钱,否则钱永远不够。
* 天底下没有免费的午餐。
* 你无法不劳而获。

如果金钱幻象源自能量场中的某个模式,而你有能力创造出任何模式,并把能量灌注到任何模式中,让幻象出现在全息图中,让它看起来像真的一样。那么,你可以想要什么就有什么吗?

当然可以!你可以想要什么就有什么。唯一的限制是自我限制,因为你必须设计出符合个人使命和人生目标的体验。

如果你看到周遭的一切,你能买、租或拥有的一切,只是由你放在能量场中的模式被灌注能量后产生的全息幻象,那么真的有任何东西需要你花钱吗?真的有任何东西必须付出代价吗?为了赚钱,你必须让自己更有价值吗?必须为钱而卖力(不管是聪明地还是愚笨地)或赚到钱吗?

不用!

你可以创造自己必须这样做的幻象,它不过就是如此。一切只是镜花水月,只是幻象而已。

既然所有钱都来自你和能量场中的模式,既然全息图中的钱似乎可以流动或出现,这个幻象来自模式细节,那么你必须精通那些有人有但有些人没有的赚钱本事,这是真的吗?

不是!

你可以创造必须精通特定的赚钱本事才能赚钱的幻象,例如:房地产、股票交易或经营企业,不然你也可以选择为了乐趣而精通其中某个领域,但这是死规矩或是绝对必需的吗?

不是,不是,不是!

在第一章里,我跟大家分享了源自这三大规则,并与金钱游戏有关的普遍信念:

* 金钱是万恶之源。

* 金钱是污秽的或不好的——对于有钱人也如此。

* 有钱人越来越有钱,穷人越来越穷。

* 钱永远都不够。

* 你必须掌控金钱,否则金钱就会掌控你。

* 钱总是越多越好。

* 钱不是长在树上的。

* 有些人有赚钱的本事,有些人则没有。

* 人不可能既会赚钱又有灵性。

* 净资产才是财富与成功的真正标准。

* 你必须未雨绸缪。

就你目前所知,上述有任何一个信念是真的吗?有任何一个信念真正接近事实的真相吗?

没有！

这方面的实例多得不胜枚举，现在让我先问你这个问题：这三大规则及其衍生的普遍信念，是如何巧妙地限制、约束和贬低你，你看到了吗？它们和"真正的你"相去甚远，你看到了吗？它们和事情实际运作的真相完全背离，你看到了吗？这是支持人性游戏第一阶段目标的巧妙策略——就是让你相信，自己的力量有限，跟"真正的你"恰好相反，你看到了吗？

重点：
第二阶段中的一切跟第一阶段恰好相反。

另外，回答上述问题时，如果你并不完全相信我在前面的章节中与你分享的学问，那么请你只从科学的角度去思考。如果你只从量子物理学的角度思考这些问题，也还是能明白金钱游戏的基本规则和程序是有违事情实际运作的"真相"的。

真相是，天底下有免费的午餐。你可以不劳而获。你不必为了增加财富而提高自我价值，不必更努力或更聪明地工作，不必为了赚更多钱而努力获得升迁。

记住，费用支出不存在，收入不存在，盈余不存在。账单、发票、应收账款、应付账款都不存在。一切都只是由大我通过能量场中的模式创造出来的全息幻象。你的活期账户和其他财务账户都不存在，这些账户的数字也不存在。这些钱是怎么进到这些账户的情节也不存在。一切只是全息幻象。

重点：

* 金钱并非来自全息图，而是来自你和能量场。

* 全息图中没有任何力量，一切都源自你，你拥有全部的力量。

* 数字是为了让你体验到限制而特别设计的，这才是数字的真正目的。

因此，你的财源可以滚滚而来，你不会把钱"用完"，不会"亏钱"，不必为了创造钱或让自己有更多钱而做任何事（如果你认为这样做很有趣，还是可以这么做）。你不必审慎地管理金钱。为什么？因为"那里"什么东西也没有，根本不需要管理（不过如果你认为这样做很有趣，你还是可以创造某样东西并对其加以管理）。

负债并不存在。这个概念完全是虚构的——跟净资产值一样。根本没有任何资产需要管理或保护。身为全息图中一切事物的创造者，当你花钱时，只是把钱付给自己，因为钱根本没有跑到其他地方。当你花钱时，你的金钱供给不会减少。但是如果配合第二阶段的流程去做，你的金钱的确会增加（你会在第九章了解这一点）。任何事情如果看似真实，只不过是因为你把全息幻象当真了。

重点：

就是丰盛！

真正的你就是"丰盛"，这是你的本然状态。记住量子物理学的说法：

能量场 = 无限力量 + 无限可能性

不论多大数目或以任何方式出现的金钱，都是很容易被创造出来的，只需在能量场中创造一个模式，给模式灌注能量，让它显现在全息图中。贫穷、富裕、艰辛、安逸都是能量场中相同的全息创造，只是模式不同而已。另外，将它们创造出来所用的能量和努力也是一样的。

重点：

在全息图中创造任何幻象，所用的能量和努力都是一样的，不管你选择如何评判、称呼或描述这些幻象。

此外，留心想想下面的内容，我们会在第十章中继续详谈：

* 在个人全息图中，更多钱未必是好事。

* 在个人全息图中，更少钱未必是坏事。

* 你在什么时候有多少钱都是经过设计的，是为了给予你适当支持，让你按照自己想要的方式进行人性游戏。

说到底就是：你已经拥有了所有你渴望或需要的金钱和"东西"。

那些钱和东西已经是你的了！

事实上，你所拥有的力量与能力，可以在个人全息图中创造出任何数目的金钱，让它们以任何的方式出现，让你以为自己赚到了钱。你以往体验到的限制和你目前体验的束缚，都源自大我在能量场中创造的限定模式，就是这样。此处只提到你欺骗自己的水准，并未提及"真正的你"和"你究竟能够做什么"。

真正不可思议的是，你可以：

* 从那些限制模式中收回你的力量，并且瓦解限制模式。

* 宣告自己无限丰盛的本然状态并且充分享有无限丰盛。

* 从金钱游戏中彻底解脱——完全解脱，并且永远解脱。

我会在后续章节告诉你怎么做！

在第一章中，我解释过你为何"赢不了"金钱游戏。在我们继续讨论之前，先运用你的透视力重新审视这个想法。现在你知道，真正的你从一开始就无限丰盛，那是你的本然状态。创造金钱游戏是为了让你有恰好相反的体验——让你体验限制和束缚。因此，只要你继续从第一阶段的角度进行金钱游戏，你必定会在某些方面体验到某种形式的限制和束缚。

另外，请仔细听好，不管你在全息图中累积了多少钱，这都不是真的。这是全息幻象。跟你真正"拥有"的金钱相比，这些钱根本微不足道，而且还是短暂易逝并且容易遭受侵害和损失的。身为金钱游戏的玩家，你还必须付出代价。所以你真正想要下面哪一项：

1. 短暂易逝的，为限制和束缚你而设计的虚假丰盛状态——不管看起来你多有钱？
2. 自己无限丰盛的本然状态——金钱和自由的供给都毫无限制？

我选择第二项，也作出承诺：不管怎样都要敞开心胸接受真正的自己，接受自己无限丰盛的本然状态。这让我后来从金钱游戏中彻底解脱。

现在，你已经准备好要发现从金钱游戏中彻底解脱的实操步骤了。要实现解脱的飞跃，请阅读第八章。

第八章　百年寻宝

> 每个人的内在都有一个沉睡的巨人。当巨人醒来，奇迹就会发生。[①]
>
> ——弗雷德里克·浮士德（1892—1994）

我在上一章说到你已经拥有所有你想要的金钱和"东西"了，你可以从能量场中的有限模式中收回自己的力量，充分享有自己无限丰盛的本然状态，我这么说，你或许会感到惊讶。但我说的是事实，在后面两章我会告诉你如何做到。

一切从转移注意力开始。在我跟你分享的模型中，你开展人性游戏时体验到的一切都具有三个要素，如图8.1所示：

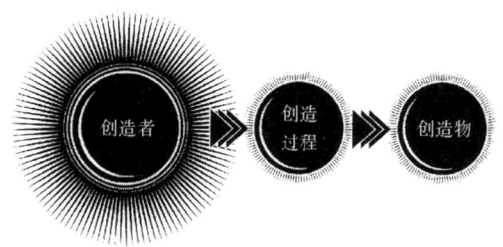

图8.1　创造的三个范畴

1. 创造者（意识＝大我）

2. 创造过程（能量场中的模式和能量）

3. 创造物（你在全息图中看到和体验到的一切：人物、场地、事物、身体，等等）

如果你跟我以及大多数我认识的人一样，那么根据设计，大家都只聚焦在自己的创造物上。你让自己相信那些创造物是真的，你赋予它们力量，让它们仿佛是真的，因此也拥有力量。你从不知道你的意识就是创造者，它创造了你所体验到的一切，而且你对这个创造过程熟视无睹。

如果你研究过显化技术、吸引力法则，或"你创造了自己的实相"等玄学思想，你可能不愿同意我的说法。不过如同我在第二章所述，那些学说和技术是第一阶段的创造物。为了让你受到限制，无法运用自己原有的力量，所以它们必须被曲解、被拆解或受到蓄意破坏。现在，你要运用第二阶段的没有任何限制的教导。

要从金钱游戏中彻底解脱，你必须首先将注意力从"自己的创造物"，转移到"创造过程"及"自己就是创造者"上，如图 8.1 所示的模型关系。当你这样做的时候，就能收回自己的力量，并充分享有自己无限丰盛的本然状态。

我们先回顾一下你身为创造者的角色。你创造了自己在人性游戏中所体验到的一切。你是拥有无限力量的存有。在本然状态下，你拥有无限丰盛、无限喜悦、无条件的爱，你对于自己创造及体验到的每个人和每样东西都充满无限感恩。当你体验到别的东西时，你知道：

* 那是大我运用巨大能量将它灌注到能量场的模式中而创造出来的。
* 那是全息幻象。
* 你可以从幻象中收回力量并瓦解幻象。

你如何收回力量

为了说明如何收回力量，我用复活节寻找彩蛋的活动作隐喻说明。我的朋友戴维斯夫妇每年复活节都会举办一场寻找彩蛋的活动。他们会邀请镇里的几十个小朋友来参加。他们将几百个装有玩具和糖果的塑料彩蛋藏在他们家里。绿灯一亮，小朋友们就开始寻找彩蛋，大家开心地跑来跑去，四处寻找彩蛋。找到以后，他们把彩蛋打开，把糖果或玩具拿出来，为自己的好运而开心。然后，他们把糖果摆在旁边，继续寻找彩蛋。

你从那些为了玩人性游戏第一阶段，而安置在能量场中的限制模式中收回能量的过程也是如此。

在人性游戏第二阶段中，大我会带领你进行一场相当特别的寻找彩蛋活动，我把这个活动称为"百年寻宝"，把你在第一阶段为了自我设限，在能量场中投入了巨大力量的彩蛋找出来。然后，你打开这些彩蛋，从中收回力量（就像小朋友从彩蛋中拿回糖果或玩具），彩蛋中的模式就此瓦解，原本你在个人全息图中体验到的限制和束缚也随之瓦解。最后，你就能享有自己无限丰盛的本然状态了。

重点：

你不必"创造"财务的丰盛，因为它已经在那里了，一直是那样，只是你把它藏起来了。在第二阶段，你只是重新发现并且充分运用它而已。

在第二章中，我用了太阳和云朵的隐喻，说明你其实是像太阳一样拥有无限力量、无穷智慧、无限丰盛的存有。然后，你创造了一套复杂的幻象，让你相信你跟"真正的你"完全相反。我把这些幻象比喻成云朵，这些云朵挡在太阳前面，让你以为太阳不见了，只有云朵存在。在第二阶段，你只要拨云见日，真正的你就出现了——太阳一直在照耀着，阳光理所当然就会照耀到你的体验中去。

要了解如何从彩蛋中收回力量以及拨云见日，我们先要进一步审视能量场中的彩蛋是如何被创造出来的。在你能从彩蛋中收回力量，从金钱游戏中彻底解脱前，你必须彻底了解能量场中的彩蛋里面有什么东西。我会在本章说明此事，但是直到我们在后面的章节讨论到如何日复一日地进行人性游戏的第二阶段，你才会完全理解这个说明的重要性。

在第五章里，我们讨论过好莱坞电影及其特效，以及好莱坞电影制片人为了使他们所创造的幻象真实又有说服力，他们不管花费多少心思都得做到。我们也讨论过，能量场中的模式所创造出来的人性游戏幻象，必须极其复杂又让人完全信服，否则游戏就得玩完。我们在能量场中创造的复杂模式，是以自我成长及心理学著作所谓的"信念"为基础。信念是我们虚构并信以为真的想法或概念。如你所知，金钱游戏是这些虚构信念的巨大集合，然后我们对它们投入巨大能量让自己信以为真。

不过，只是接受某个想法或概念是真的，然后依此创造一个信念，这样做不足以让其看似绝对真实，并使其在个人全息图中持续存在。举例来说，假如你在能量场中创造一个模式，提供能量让模式创造出这个幻象——你的活期存折中有 4000元，你的账单应付金额为 6000 元，因而你创造出这个信念——我的活期存折里有 4000 元，账单应付金额为 6000 元。不过，光是这个信念并没有多大的稳定性或持久力。你可以轻易忘掉这个存折或存折中有 4000 元，或应付账单上有 6000 元。过一段时间后，你也可能忘了查看这些数字有何变化。因此，你不能只创造一个模式，赋予它一些力量，在全息图中产生幻象，就期望这个幻象能欺骗你并持续发挥作用。你必须强化模式，保持能量，让全息幻象持续更新。评判能起到这样的作用，就成为把信念"固定"在个人全息图中的粘胶。

举例来说，假设你创造这个信念——你的活期存折中有4000元，账单应付金额为6000元。然后，我们假设你不但创造了这个信念，还对自己说："我没办法付清账单，那可糟糕透了，我不喜欢那样。"当你这样评判时，其实你在表达什么呢？

你承认那是真的。

当你说"我不喜欢那样""那可糟透了""我希望它消失"，或"我想改变它"，你就是在评判某个创造物不好。或者在某些情况下，你说"我喜欢那样"或"那个东西我想要更多"，作出有积极正面的评判，其实不管你怎样判断或描述经验，你都是在强化幻象是真的，你让你的能量留在幻象中（或是把更多能量投入其中），所以幻象就继续存在于你的全息图里。我们在能量场中创造一个模式时，模式里包含信念及其评判的有关细节。在人性游戏第一阶段的旅途中，我相信你一定在某方面听过评判并不是什么有益的事。没错，不过现在你知道其真正原因了。

然而，评判也未必能让幻象固定在你的全息图中。为什么？因为在许多情况下，评判并无说服力，没有足够的黏性让幻象"固定"在全息图中。因此，你必须创造"结果"来增强粘性，进一步强化能量场中的模式。以先前提到的例子来说，如果账单晚一点再付会发生什么？你要交纳逾期交费的罚款。

如果你一点钱也不交呢？催收账款的公司会找上门。如果你的支票跳票呢？银行会因为你的存款不足，要你交纳罚金，情况严重时，就会冻结你的账户，将你列入黑名单，这就真的糟透了。

接着，让我们再来审视一下刚好相反的情况。假设你创造这个信念——你的活期存折有 40 万元，你查看账户余额后评判说："太好了，我喜欢这样。"你接下来创造的结果是，你觉得自己很有钱，可以想买什么就买什么，或是做许多事让自己开心。

通过运用个人透视力审视这些情境，你会发现结果的重要性到底是什么呢？结果把更多细节增加到能量场中的模式里，进一步强化了幻象，让你以为活期存折、账单、债权人、银行、催收账款公司和你能买的物品或能做的事都是真的。就像制作电影《指环王》时，额外付出心思让高伦的头发和动作变得栩栩如生。你该知道这整个过程是多么狡猾、机智和有效了吧？

我们会在能量场中的模式里增加一些"不利的"结果，让幻象变得更真实：

* 坐牢
* 小朋友被"罚站"或青少年被"关禁闭"
* 被学校开除
* 失去特权或地位

* 受伤
* 死亡

我们也会在能量场中的模式里增加一些"有利的"结果，让幻象变得更真实：

* 财务奖励
* 感觉自豪或自信
* 工作升迁
* 受欢迎
* 高效、高产
* 名气

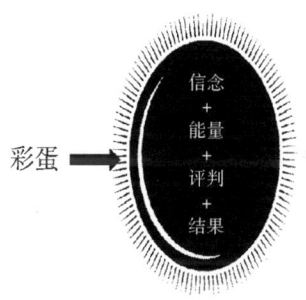

图8.2 彩蛋（模式）是如何形成的

你在进行人性游戏时，创造了自己的游戏场和规则，你也创造了一些结果——奖励和惩罚，来强化自己创造的幻象。然后，你把那些奖励和惩罚放进能量场的模式里，并提供力量给它们，借此奖惩自己。

图 8.2，即为在个人全息图中一再出现的幻象，并让人信以为真的创造彩蛋（模式）的过程。

创造信念、评判信念、增加结果，然后运用巨大能量让模式在全息图中产生幻象，让人信以为真——就是这个创造循环，让你陷入了人性游戏第一阶段的限制束缚中。你在个人全息图中看到和体验到的一切，都是这个创造过程的产物。另一件值得一提的趣事是，一旦以这种方式强化既有模式，以往出现过的体验就会再度出现在全息图中，你再次看到这个体验出现时，就会告诉自己；"你看，这是真的吧！"而且，这个"显而易见的证据"会让这个信念在你的全息图中被埋藏得更深。

重点：

在你的全息图里，没有"真""假"之分。

在你的全息图中，一切都是假的，一切都只是个信念。

这也说明了为什么正面思考（积极思考），用肯定语加强信心（自我确认）和其他时下流行的自我成长策略和技术无法持续奏效。你可以整天都有积极想法，想象事情会好转并肯定自我，但是如果大我没有在能量场中创造符合这些想法的模式，也没有提供巨大能量，就无法让模式在全息图中产生幻象。不管你想多少次，在脑海里的视觉化最终产生多少次结果，对自己说多少肯定语或聆听多少遍自我成长的磁带，或是身为人格面具的你对那些事多么信以为真，根本就无关紧要。如果能量场中的模式没有产生相应改变，一切都是白费力气。相反，如果你从模式中拿走力量，模式就会瓦解，在全息图中产生的任何幻象都会随之消失。

重点：

在全息图中，没有任何力量可言。所有的力量都源自你，它们都被储存在能量场中的模式里面，那是全息图中一切事物的真正来源——包括身为人格面具的你，或是作为纯体验式影视剧中主角的你。

你看过建筑物被定向爆破的视频吗？整个建筑物在几秒钟或几分钟内倒塌。当初兴建一幢建筑物时，要一砖一瓦地堆砌，置梁架屋，可能要花数月或数年。但是让建筑物倒塌却只要几秒或几分钟。为什么？因为人们在建筑物里的特定地点放置了炸药，这就可以破坏建筑物的主要地基。炸药爆炸时建筑物就会迅速倒塌。如果你从未看过这类视频，你可以到我的网站观看实例，我在网页上添加了一段视频，里面是强而有力的视觉影像，让你对从金钱游戏中彻底解脱产生深刻印象，网址是：http://www.bustingloose.com/dynanite.html。

　　人性游戏第二阶段也是以这种方式运行的。大我知道能量场中最有能量的彩蛋"藏在"哪里，也知道彩蛋里面有什么东西，哪些彩蛋会对你产生最大的限制等。在第二阶段，大我会指引你找出这些"最重要的彩蛋"（地基），帮助你收回彩蛋里的能量，解除评判和结果，瓦解模式，从而也就移除了全息图中包含的限制。就像摧毁建筑物一样，你不必瓦解你在第一阶段创造的所有模式——只要瓦解关键的基础模式即可。要从金钱游戏中彻底解脱，你只要把自己创造的那些用于限制无限丰盛的本然状态的彩蛋摧毁就好。所以，我才称之为"百年寻宝"。与开启自己原本具有的无限丰盛和创造力相比，有什么宝藏比这个更有价值呢？

重点：

　　第二阶段收回力量所花的时间，比第一阶段将能力隐藏起来所花的时间要少。

　　寻宝者在进入海底寻宝时，会使用特定的工具。在进行百年寻宝及从金钱游戏中彻底解脱时，你也必须使用特定的工具。要了解这些特定的工具是什么以及如何使用它们，请阅读第九章。

第九章　自己做主

> 灵感无所不在。当你准备好要感恩它的存在时，一只蚂蚁也可能是宇宙的奇迹之一。[①]
>
> ——无名氏

> 爱上这个世界让人快乐无穷，因为世界有许多面向，到处都有不同的景象……各种差异都应被珍视，只因它开拓了人生的视野。[②]
>
> ——卡雷尔·恰佩克（1890—1938）

汽车有驾驶座和乘客座之分，乘客没有能力或无法控制车子行驶的状况，而司机可以大权在握。在人性游戏第一阶段，你（人格面具）坐在乘客座上。在第二阶段，你将有机会坐上驾驶座。当你准备开车到特定目的地时，要做的第一件事就是坐上驾驶座，系上安全带。这就是当你准备好要迈入人性游戏第二阶段时所要做的事。

在人性游戏第二阶段，当你从金钱游戏中彻底解脱时，会用到四个工具。我将在本章说明这四个工具，并对第一个工具做详细介绍，然后在第十章详述其他三个工具。你可以用到的四个寻宝工具是：

　　1. 表达赞赏和感谢

　　2. 流程

　　3. 迷你流程

　　4. 让话语充满力量和自我对话

　　这四个工具都相当高效，也是彻底解脱的必要部分。在这四个工具中，"流程"是皇冠上的宝珠，是你将运用最多，在旅途开始时最具转化力的工具。不过在你懂得运用流程之前，必须先发现"表达赞赏和感谢"这个工具的神奇魔力。接下来，我们就开始讨论这四个寻宝工具。

表达赞赏和感谢

　　如果你和大多数人一样，那么你肯定曾被教导说，金钱的目的是提供物品交换及服务的有效工具。你被告知，人类一度采用以物易物的方式进行交换，但是以物易物的方式既不方便、也没有效率，所以人类设计和制造金钱，让整个过程变得更简单也更容易。你也知道当人们从使用钱币、纸钞，演变到使用信用卡和电汇转账，金钱交易过程越来越容易，也越有效率。不过，就像人性游戏第一阶段中的所有事物那样，你知道这一切只是伪装，只是云朵，是被设计来骗你并让你受困于被限制和束缚的幻象的。

如果有人对你做了件好事帮助了你，或是你从别人那里收到某样贵重物品时，你会怎样回应？你会说"谢谢"，对吧？你借此向对方表达赞赏和感谢。当你去商店、餐厅或其他营业场所，因为某样东西而付款时，你不也拿到某样贵重物品了吗？如果你是有礼貌的人，在这种情况下，你也说谢谢，不是吗？

如果明天金钱从地球上消失，有什么会发生变化吗？书店里的书会不见了吗？餐厅和商店会歇业吗？生产线不再生产汽车吗？诊所、加油站、干洗店和影印店都会关门大吉吗？你现在拥有的任何物品和服务，就会突然无法享用吗？

不会的！

那么，如果钱消失了，你仍然可以享用物品和服务，交易中依然存在的是什么？

表达赞赏和感谢。

你还是想对那些给你提供物品或服务的人说一声谢谢。你会拿到某样贵重物品，也会想因此表达赞赏和感谢。如果你走进一家餐厅，在餐厅里度过愉快的时光，你会向服务员致谢。如果你走进一家服装店买了一件漂亮礼服，你会向店员或店主致谢。如果你走进一家电子用品店买了一台电脑或一部手机，在你拿到物品时也会向对方道谢。

你支付每笔账单都是因为你拿到了某项贵重物品。或许你不喜欢交房租或房贷，但是有地方可以住很重要，不是吗？或许你不喜欢付清贷款，但是你完全运用贷款借到的钱，能让你买到某样物品或做成某件重要的事。或许你不喜欢看到信用卡账单上的应付金额，但如果信用卡账单上列出十项物品，当你收到或体验到这十项物品时，你也收获了价值，不是吗？如果每次为任何事项付款时，你都运用第二阶段的透视力仔细观察，其实你所做的事只是说："谢谢，我赞赏和感谢自己得到的物品（服务）。"

重点：

每当你在个人全息图中创造并体验获得了某个物品、服务或经验的幻象时，有三个创造层面值得赞赏和感谢：

1. 赞赏和感谢你自己如此传神地让幻象表现得如此真实。

2. 赞赏和感谢你的创造物——不管是人、地点还是事情，因为你让一切看似如此真实，让这些人在进行人性游戏时完全支持你，让你从中获得特定利益（享受餐点、服装、赛跑，登山、香槟等）。

3. 赞赏和感谢让上述两个层面成真的创造过程。

基于你现在对人性游戏的了解，如果你在餐厅里享用晚餐，用现金、支票或信用卡付款，其实你把钱付给了谁？你自己，对吧？没有别人"在那里"需要你付钱。每件事和每个人都是你的意识的创造物。所以，最终是谁提供了价值，你究竟向谁道谢？

你自己。

如你所知，以刚刚说的餐厅用餐为例。餐厅根本不存在。是你的意识创造了这个幻象——房间、桌椅、墙上的艺术品、食物、餐厅里播放的音乐、厨房、盘子、玻璃杯、服务员、泊车员、主厨，以及其他看似和你一样用餐的人（和看电影的情况也一样），你在那里所体验到的一切及看到的人，全都是你创造出来的。在那里没有任何东西是真的，然而你说服自己一切都是真的。这是令人难以置信的成就，所以你借机好好彻底赞赏和感谢一番吧！

重点：

金钱存在的真正目的是向身为创造者的自己表达赞赏和感谢，因为你所体验的一切都是你的创造物，而且它们都如此宏伟壮丽。

如果你和我共事过的许多人一样，那么你可能会想到（或后来会想到）："我不可能老是拍自己的背，或一直说自己很了不起吧。那可太自以为是，太以自我为中心了。"不管你是否这样想，请耐心听我说。记得我说过人性游戏第一阶段的意图是什么吗？是为了让你相信，你跟"真正的你"完全相反。上述例子就能说明此事。你看看身为创造者的我们有多么聪明、多么狡猾。真正的你是相当了不起的无限存有，但是在第一阶段中，你成功地让自己相信，感谢自己和夸奖自己是自以为是或以自我为中心的，也评判自己这样做"不好"。每次开启透视眼清晰地审视人性游戏时，我就对这场惊人的游戏敬畏不已，也对我们让玩家展开游戏而付出的努力啧啧称奇。

你把爱用完过吗？如果你爱你的小孩或某个重要的人，你通过言辞、亲吻、触摸或某种礼物来表达爱意，之后你的爱就会减少？你拥有的爱或能力会因为表达爱意而减少吗？

不会！

事实上，如果你仔细审视，你有无穷的爱，而且每次你表达爱的时候，你表达和接受爱的能力其实不减反增。用金钱的方式表达赞赏和感谢时，情况也一样。你的赞赏和感谢源源不断，每次你表达它们时，你表达和接受赞赏和感谢的能力也不减反增。因此，如果你随时随地表达赞赏和感谢，结果会怎样？用金钱的方式表达赞赏和感谢，这股流动会以金钱的方式回流给你，而且不减反增——这就是你进行人性游戏第二阶段时实际会发生的情况。

重点：

当你花钱时，你的金钱供给并未减少。事实上，它会再回流并增加。

既然你了解赞赏和感谢这个概念，也知道它具有的力量，现在我们就来看看如何实际应用赞赏和感谢。在下一章，我会告诉你如何将赞赏和感谢与最重要的、被称之为流程的工具紧密结合，进一步增加"表达赞赏和感谢"这个工具的功效。现在，你付账时有何感受？我在现场活动中询问这个问题时，最常听到的回答如下：

"我觉得提心吊胆，因为活期存折里的钱未必够用，如果我不付清账单或支票跳票了，那就麻烦了。"

"每次付账就表示没钱做自己想做的事。这是一种二选一的交易，而且是我不喜欢的交易。"

"我只觉得要认清事实，因为必须付清账单，所以我的钱即将用光。"

"这是我的一大困扰，其实我可以做别的事。我不喜欢花时间开支票，把支票放进信封里，再把邮票贴到信封上，然后将邮件寄出去。"

"每次付账单时，我都觉得无能为力，我不喜欢那种感觉，所以我会将付款时间一拖再拖，结果因为延迟付款而被罚钱，最后反而让我为自己的愚蠢而生气。"

"我不介意付账，但是交税却让我抓狂，那根本不是什么合理的事，一点也不公平。那是我的钱，是我赚的，为什么不问我愿不愿意，就要我交那么多钱给政府?"

不管你在付账时是否有类似的想法、感受或其他负面想法和感受，当你这么想或感受的时候，有什么东西被强化了呢?有三样东西被强化了:

1. 限制你自身能力和丰盛的信念被强化了。

2. 你对那些信念的评判被强化了。

3. 与之相关的结果被强化了。

如此一来，你正把自己的财务困境这个彩蛋越养越大。你这样做时，财务困境一定会在你的全息图中继续存在下去。如果你描述自己付账时的感受是不带情绪或平静沉稳的，这样或许不会强化它，但却错失了收回力量让彩蛋变小的良机，这一点你很快就会了解到。

在人性游戏第二阶段中，你给自己一个机会，把注意力从付账转变为表达赞赏和感谢。在刚开始时，这样做需要自律和毅力，因为你会觉得不自在，但是到最后，这样做就会变得自然而然、习以为常。现在就开始吧，每次付账、开支票、把钱付给别人或签信用卡账单时，你要花一点时间赞赏和感谢自己的创造物，赞赏和感谢身为创造者的你，也赞赏和感谢自己收到的价值。

如何用赞赏和感谢替代付款

有90%的时间，我用信用卡表达赞赏和感谢。所以在给信用卡账单签名、开支票或以邮寄方式交纳信用卡还款时（现在我将这个过程称为"提请赞赏和感谢"，这是预先演练"让话语充满力量和自我对话"的工具），我会审视账单或过目账单上的每一个款项，为它们所代表的创造物表达赞赏和感谢。

举例来说，假设我在某家自己最喜欢的寿司餐厅享用了很棒的晚餐后，看着信用卡账单时，我会表达赞赏和感谢。我会跟自己这么说并且真切地体验这样的感受："哇，真是不可思议的创造物。我竟然创造出这整件事——餐厅、服务员、寿司、寿司厨师、我喝的清酒、我坐的餐桌，还有其他人和我一起在餐厅里用餐。这一切都是由我的意识创造出来的，一切看似如此真实，食物实在好吃极了！太不可思议啦！我真是一个了不起的创造者！"当我在账单上签名时，我还会对自己这样说，为整件事画上句号："我以自己无限丰盛的本然状态表达赞赏和感谢，我知道当自己表达赞赏和感谢时，我在全息图中体验到的丰盛会增加，并重新回到我的生命中。"

如果你用过"自我肯定"这类自我成长方法，或许你会这么想："听起来就和运用自我肯定一样啊。先前你不是说，自我肯定没有用。"在第一阶段，给能量场中不存在的模式灌注能量，自我肯定是毫无效力的。另外，大多数人都在肯定那些其实自己并不相信或认为不可能发生的事。不过，当你肯定第二阶段中的真相时，它就变得有效了，因为大我会帮助你拓展并收回力量，新模式便得以在能量场中创立，支持你获得结果，所以这样做确实有效。我会在下一章详述此事。

哪怕我创造出那些以第一阶段的观点来看是不好的经验，我同样会表达赞赏和感谢。为什么？我们讨论过，全息图中没有任何力量——其中的任何事、任何人都没有力量。其他人只是照本宣科的演员。食物完全是意识的创造物，所以如果我体验到不好的服务或难吃的食物，那是我在能量场模式中创造的幻象，并让自己信以为真，这也是相当棒的成就，当然是值得赞赏和感谢的事。

重点：

向自己表达赞赏和感谢时，说什么话并不重要，所说的话让自己产生的内在感受才是关键所在。

我在此与你分享一下我用于表达赞赏和感谢的话语。我时常修改这些用语。表达赞赏和感谢并没有规则或神奇公式可言，也没有正确、不正确或更好、最好的方式可言，这些评判在第二阶段里都不存在了，只有你选择去做的事，和让你产生真正赞赏和感谢之情的事存在。你总是可以信任自己和大我，跟着被赋予的感觉去说去做。

在付账时，当你这样表达赞赏和感谢会发生什么事呢？会发生下面这两件事：

1. 它会启动收回流程，让你将第一阶段能量场中放置的、限制个人财务自由的彩蛋中的力量收回（详见第十章）。
2. 它会启动赞赏和感谢的无限循环，让越来越多的赞赏和感谢以金钱的方式回馈给你。

另一种审视的方式是：假设你到拉斯维加斯玩老虎机，你发现有一部老虎机，每次向里面投注 1 美元就中奖 3 美元。那么，你会拿多少钱下注？有多少就下多少，是吗？你在老虎机上每下注 1 美元时，有何感受？很兴奋，是吗？因为你知道自己可以拿回 3 美元。当你表达赞赏和感谢而非讨厌付账时，当你真正感受到赞赏和感谢自己、赞赏和感谢创造物、赞赏和感谢你从创造物那里获得价值的那股能量，这时候就会发生类似"投注 1 美元换回 3 美元"的情况。现在你知道，每次付账之后会有更多的钱回馈给你。最后，当你从金钱游戏中彻底解脱时，你会很享受并期待付账，开始获得完全不同以往的体验。

当你表达赞赏和感谢时，你必须真心去感受它，不能装模作样。你不能蒙混，否则你是在蒙骗谁呢？蒙骗你自己！你不能坐在那里说："这样做实在很讨厌，但是沙因费尔德那家伙说，我应该要表达赞赏和感谢，那么好吧！我非常非常赞赏和感谢你。就这样！努力向前迈进。"要真正感受到，你需要一些时间，需要练习，还需要自律。不过，这么做所创造的超高价值，花多少时间和精力都值得。

对此你是否深表同意，也确实了解到"表达赞赏和感谢"的重要性呢？或者，你觉得这样做太疯狂了，简直是异想天开，是我嗑药后的疯言疯语？不管你现在怎么想，我向你保证，如果你真心去感受并确实做到，你自己就会看到这种丰盛效应的扩展。一直以来，我都亲身感受着此事。我一直看到这种效应，也一直看到客户体验到这种效应，我会在第十二章跟大家分享这方面的一些故事。

再举一个例子。假设明天早上你在上班途中经过一家咖啡店，花4美元为自己买一杯香草拿铁咖啡。当你把4美元付给店员时，你可以对自己这么说，并且真心去感受："哇！这简直棒极了。我创造了这间咖啡店、这部浓缩咖啡机、这些咖啡豆、牛奶、奶泡器、糖浆和杯子。我创造了店员以及和我一起出现在咖啡店里的这些人。"然后，当你啜饮这杯香甜温热的咖啡时，你可以再说一遍并再次感觉："哇！"这种神奇的感受。为什么？因为那里根本没有咖啡店，没有浓缩咖啡机，没有咖啡豆，没有牛奶，没有奶泡器，没有糖，没有杯子，也没有香甜温热的咖啡。一切都是镜花水月，都是幻象。只不过是你让自己相信，它们就在那里，一切都是真的，而且香草拿铁咖啡很好喝。

这实在是既不可思议又了不起，既神奇又让人佩服的"超自然"成就！

赞赏和感谢它！

在人性游戏第二阶段中，除了把注意力从付账转移到表达赞赏和感谢，你还有两个机会去帮助自己从金钱游戏中彻底解脱。首先，你可以给自己这个礼物，赞赏和感谢看似你从别人那里得到的钱。现在，当你收到薪水、版税、股利或其他金钱形式的赞赏和感谢时，你做何反应？你是满怀赞赏和感谢吗？赞赏和感谢自己身为创造者、赞赏和感谢自己的创造，也赞赏和感谢整个创造过程吗？或者你认为一切理所当然，因为跟你马上要支付的账单或你想要但还没到手的东西相比，你拿到的钱并不多？不管你目前做何反应，现在你有机会将你的反应改变成表达赞赏和感谢。以先前的比喻为例，你每次往老虎机中投注 1 美元就换回 3 美元。

举例来说，我拥有并经营几项事业，也跟别人一起管理几家公司。在人性游戏第一阶段中，我把这些事业和自己从其中获得的报酬，当成个人财富的来源。在第二阶段，我知道它们不是我个人丰盛的来源（我的意识才是），但是我仍然以金钱的形式向自己表达赞赏和感谢。我的做法是这样：当我以某家公司账户的名义开支票给自己，或接到合伙人开给我的支票时，我会依照前面这个表达赞赏和感谢的步骤去做。为什么？

因为这些支票并不是真的，公司也不是真的，向公司购买产品和服务的顾客也不是真的，因为顾客让公司有钱可以付给我也不是真的，这一切都是了不起的创造物和幻象，而且我相当赞赏和感谢。

除了我的事业及合伙事业，我还出过几本书，录过一些磁带，所以也收到版税以及其他佣金和各种报酬。当我收到这些钱时，我也向它们表达赞赏和感谢。

你可以给自己的第二个机会是，彻底赞赏和感谢自己在全息图中已经创造出来并且正拥有的一切，而不是评判它、视其为理所当然或只看到自己没有的那个部分。如果你评判自己现有状况既糟糕又不丰盛，既讨厌又不是你想要的、你想要更多、想要不一样的东西，那么你这样做是在干什么呢？你在强化幻象是真的，你真的受到限制。如果你聚焦在自己没有的东西，你一样是在强化幻象，认为自己受到限制。

你目前在全息图中经历的一切，只是大我在能量场中创造了一个复杂模式并提供能量让模式在全息图中产生让你信以为真的幻象。意外或错误都不存在。不管你经历过或正在经历什么，它们都是被精心设计到你的全息图中，支持你以自己想要的方式进行人性游戏的——不论以你旧有的观点对它做何评判。这个精湛的创造物完全值得赞赏和感谢！一旦你深入第二阶段，你就可以创造自己选择的一切。但首先，你必须赞赏和感谢自己已经创造出来的事物。如果你不赞赏和感谢自己已经创造的事物，大我为什么要支持你，并创造出更多你也不会赞赏和感谢的"东西"？如果你不赞赏和感谢自己已经创造出来的东西，那就像把 1 美元投进老虎机，没有拿回半毛钱一样。当你能够投注 1 美元拿回 3 美元时，你何必那样做？

重点：

赞赏和感谢你已经拥有的一切是非常容易而且是可能的，哪怕你选择在以后创造更多别的事物。

在本章内容结束之前，顺便提一下，你认为传统金融界描述投资或投资组合增值（appreciation，有增值和感激之意）一词，也有"赞赏和感谢"之意，这难道是巧合吗？这就像在人性游戏第一阶段中，我们把有关真相的线索藏在各处，确定自己无法"看到"它们。如果你迈入第二阶段，就会发现到处都是这类线索，也会发现这些线索既有趣又吸引人。

第十章的主题是皇冠上的宝珠——"流程"这个工具——结合赞赏和感谢的工具，让你从置于能量场中限制个人财务丰盛的模式中收回力量。当你已经做好准备，请阅读第十章。

第十章　开始加速

有时候，人在可以再次出发之前，必须先回顾，真正的回顾——意识并了解到自己一路走来的点点滴滴。

——诗人暨作家　保罗·马歇尔

人生有十分之一是当下，十分之九是历史重演。因为大多数时间，当下发生的一切并非是在当下。

——《水之乡》作者　格雷厄姆·斯威夫特

在前一章中，通过进入彻底解脱流程的实操层面，发现赞赏和感谢的神奇功效，你已经坐上驾驶座并系好安全带，准备好向人性游戏的第二阶段奔驰了。用这个比喻继续描述，现在是插入钥匙发动汽车、踩下油门、加速前进，从金钱游戏中彻底解脱的时候啦！

在本章中，你会发现第二个、第三个和第四个寻宝工具，它们包括：设计用来支持你从能量场中的限制（包括财务限制）模式里收回力量的流程。这是彻底解脱流程中最重要的工具。流程是让你脱离第一阶段进入第二阶段，并且永远、彻底从金钱游戏中解脱的加速器。流程是我开发或体验过的最特别的工具。运用流程能够把前面章节提到的各个拼图拼凑起来，这也是你阅读本书的最终目的。不过，如果前面的章节没有打好基础，就不容易理解并运用流程这个工具了。

运用流程收回力量很容易。一旦你熟悉这个做法，就会从中找到许多乐趣。不过，就像学习任何一项新技能一样，起初你多少会感觉到生疏和别扭。在我们继续讨论之前，让我先把一件事说清楚：身为无限存有，其实你有能力在响指间就立刻拥有你原本拥有的所有力量、智慧和丰盛。但是，这不是人性游戏第二阶段的设计宗旨。在人性游戏第二阶段，你要逐一收回你的力量、智慧和丰盛，慢慢体会收回这一切的过程，就像你品尝美酒佳肴，欣赏戏剧和阅读小说一样。

因为你在人性游戏第一阶段的受限经验及其所产生的挫折，你想立刻把自己的力量、智慧和丰盛全都收回来，这是可以理解的，尤其是在体验到第二阶段的可能性之后。我刚开始进入第二阶段时也这么想，但现在，你必须知道的是，那样做行不通，况且你也不想那样做。如果你进入第二阶段，马上就拿回所有力量、智慧和丰盛，就等于在美国国家橄榄球超级碗大赛中，安排丹佛野马队和西雅图海鹰队对打，让所有球员、教练、裁判、支持人员和球迷都聚集在球场上，全球有数百万人观赏球赛，然后裁判打了一响指后说："好了，丹佛野马队刚才以 37：10 的比分获胜。现在大家都可以回家了。"

球员不想回家，教练、裁判和后援人员不想回家，球迷也不想回家。不管可能经历什么高潮和低潮，不管比赛打得多么艰辛或最后结果会怎样，大家要看到 4 局比赛进行。球员想要比赛，因为他们热爱比赛。所以，身为人性游戏的玩家，当你进入第二阶段的那一刻你不想回家（即使你心里曾想过）。你想要展开游戏，因为"真正的你"喜爱人性游戏。

你运用流程，从第一阶段自己创造的能量场中的限制模式中收回自己的力量。你的力量隐藏于你所有的创造物中，隐藏于你在全息图中看到及体验到的一切里，隐藏于你日常生活的各个层面。不过，最巨大的力量隐藏在让你最感不快之处。你现在知道，真正的你是时刻保持喜悦、平静，能无条件去爱每件事和每个人的无限存在。因此，不可能有什么事会让"真正的你"感到不舒服。不可能有什么事会让"真正的你"感到害怕、忧虑、困窘、羞愧、生气或有负面情绪。

唯一看起来让你觉得不自在的是，你在能量场中创造了一个模式，灌注能量给它并让其在全息图中产生幻象，让自己信以为真。而且你觉得越不自在、越不舒服，这种负面情绪就越强烈，也就和"真正的你"越离越远。你把自己推得越远，就必须花更多心思说服自己这个幻象是真的，也必须为此用去更多的能量。因此，为了帮助你从能量场中刻意放置的彩蛋中收回最大的能量，大我将启动模式，在全息图中产生让你最不舒服的情况，让你体验并运用流程这个工具。

如同我们在第二章中讨论过的那样，自从你出生的那一刻起，你就开始隐藏自己巨大的力量、智慧与丰盛，让自己以为你和真正的你完全相反。你也让自己相信，隐藏力量的大多数地方既令人痛苦又危险，既恐怖又致命，必须不顾一切地避开那些地方。你还让自己相信，如果你"去那里"就会发生一些可怕的事——会死、会迷路、会失去婚姻或子女、会遭受自己无力承受的羞辱和困窘。因为你一生都在体验这种感觉，所以你很清楚"不要去那里"的感觉是怎样。在第二阶段，大我会带你回到那些地方，让你绝对安全，支持你从中收回力量。

一旦你熟练地运用流程，也收回了足够的力量，你的全息图就会发生变化，然后会产生更多变化，接着变化的步调开始加快，这时候一切都会变得很刺激。当你收回更多的力量、瓦解能量场中更多的模式，你在本然状态中的力量、智慧和丰盛就开始绽放光芒了，你的人生也开始变得越来越"不可思议"了。

这个过程的运行方式如下：大我指引你找到并打开令你害怕的彩蛋，让你感受到彩蛋中的力量——也就是必须放在那里维系限制性幻象的力量。当你打开彩蛋也发现力量时，大我开始引导你运用流程工具，在当下收回其中的力量。记住，我们的目标不是马上收回所有力量，而是逐渐收回所有力量。每次收回力量，你就扩展了力量也拥有了更多的可能性。每次收回力量，你也改变了自己。一次扩展引发了下一次的扩展，形成连锁效应，最终破坏并瓦解你在第一阶段建立的"限制机制"。

这时候，你就从金钱游戏中彻底解脱。

现在，我打算说明如何运用流程这个工具。请将这个重点牢记在心：流程有一个核心结构，并有准则说明如何在这个结构内运作。每当你运用流程时，必须遵循核心结构。如果你不遵循核心结构，流程就无法支持你收回力量。不过，关于运作核心结构的准则只是准则而已，你可以根据个人喜好自由地修正准则。简单讲，如何运用流程，是没有唯一方法、最佳方法、最佳规则或神奇公式可言的。就像人性游戏中的每件事一定是为你这位具备独特使命、独特的无限存有而特别设计的。

我会强调核心结构的要素，跟你分享我为自己、客户和学生所设计的准则，然后鼓励你在为自己设计流程时，依循大我的带领，将流程一再修改和实验，形成你自用的流程工具。我就是这样做的，但我现在的做法，跟我刚开始运用流程时的做法截然不同。现在，我打算先让你对运用流程的步骤有初步了解，然后再详述各个步骤。记住，当你的全息图中产生让你体验到不适（或许是极大的不适或轻微不适）的幻象时，流程才开始上场。

流程概述

当你体验到任何不适时：

* 深入情绪的中心。
* 全然感受这股让你不舒服的能量。

* 感受最强时，告诉自己真相为何。
* 从中收回自己的力量。
* 越来越绽放真正的自己。
* 向自己和创造物表达赞赏和感谢。

这里的关键是，每当你感到不适，尤其是在金钱方面感到不适时，就运用流程。换句话说，如果你因为股票下跌或你的投资组合价值减少而让你觉得不舒服，或者当你收到一个意外的账单，或在商店里看到某样商品的标价，在餐厅里浏览酒水价目表，或在饭店里浏览每晚住宿费，不管你看到什么让你退缩，或让你说"那太贵了"的事，就运用流程步骤。当你觉得不舒服、拿下列问题问自己时，就是你运用流程步骤的良机：

* "我买得起这个吗？"
* "我该买那个吗？"
* "现在就买那样东西是不是不够节俭？"
* "我现在真的需要那样东西吗？"
* "如果我买了那样东西或做了那件事，我的另一半会怎么想？"

重点：
如果你感觉到任何不适，请运用以下流程。

步骤一： 深入情绪的中心

以不舒服的感觉为掩饰的巨大力量既真实又能被感受得到。你能感受到它，或许你也能体验到这股能量像一个既巨大又不停震动的球体，像飓风或龙卷风，像急流中的旋涡。你认为这股能量像什么并不重要，我们每个人都不一样，有不同的体验情绪、能量和力量的方式。只要留意自己遇到的状况，不管你在意识里体验到什么不适，要深入情绪的中心，不要逃避。不论你选择怎样的方式深入情绪的中心，记住要让自己彻底融入那股不舒服的能量中。在开始时，如果你闭着眼睛运用流程会更容易些。

当你熟练地运用流程所要求的步骤之后，就算不闭眼睛也没关系，即使在你和别人交谈时，也能轻松应用这个工具。

步骤二： 全然感受这股让你不舒服的能量

一旦你完全融入那股让你不舒服的能量，尽可能彻底地感受它。不管你觉得这股能量像什么，只要感受它的强度、起伏和原始的力量。如果你可以提高它的强度，让自己有更强烈的感受，就这样去做。因为感受越强烈，你就能收回越多的能量。因为在第一阶段里，大多数人创造了一种模式，在允许自己感受到情绪前，先自动降低了所有情绪的强度。举例来说，如果情绪的实际强度是100，但是我们在允许自己感受情绪之前，先把强度降到60，因为觉得这样比较安全。以这个例子来说，其实还有 40 个单位的能量是我们没有意识到的。当你运用流程时，你就有机会收回所有可用的能量。如果你不想这样做，那也没关系。你可以等以后有机会，再重新收回剩余的能量。

重点：

允许自己尽可能地感受那股让你不舒服的能量。暂时把思考、逻辑、理智、评判和道理搁置一旁。只要感受它就好。

不管你如何评判你感受到的能量强度，那是你的能量，是真正的你，是你为了在全息图中创造让自己信以为真的体验而必须放入彩蛋（模式）中的能量。如果你感觉到快要被那股能量吞噬掉时，你可以停下来，但我请求你用尽全力，危险的感受只是在第一阶段骗你，让你无法收回个人力量的老把戏。你可以忽视这个诡计，如果你选择这样做，你就是绝对安全的。不管情况看起来怎样，大我一直在保护你，让你绝对安全，绝不会让你无法应付。

这个步骤的核心要素是，尽可能彻底感受情绪。你会怎么做，以及在体验中你看到、听到、感受到什么和为自己创造些什么，都由你自己全权决定，你可以随时调整做法。如前所述，在人性游戏的第二阶段中，任何事都没有规则或公式可言。

步骤三：感受最强时，告诉自己真相为何

当你让自己融入这股不舒服的能量中，并尽可能彻底地感受它时，你会发现这股能量已达到最大强度，或者你也注意到自己当时愿意感受的程度已到达极限。相信自己，你知道自己的忍受程度何时到达极限。抵抗第一阶段中的诱惑，不要过度分析，也不要说这种话让自己泄气："我必须找到最理想的感受强度，如果我错过了，一切就搞砸了，那我就是白痴。"你只要尽力而为，信赖大我，尤其是当一开始练习使用流程时，更要这么做。你越常运用流程，一切就会变得越容易。

在感受最强时，请你说出真相。这是什么意思？在这个时候，请你确定真正的你是什么，真正的你是多么有力量，是你创造了这个不舒服的感觉，这个感觉不是真的，只是你的意识创造出来的。要这样做，你必须想一些措辞描述真正的你，而且这句话要能引起你的共鸣，支持你感觉到自己可能拥有的无限力量。你可以采用下面这些例子，或自己想出合适的措辞。用哪些措辞并不重要，重要的是这些措辞让你有怎样的感受。我自己采用第一句话，那是理财类畅销书作者阿诺德·帕滕特送我的话，我很喜欢这句话。其他句子则是我的客户和学生所用的措辞：

"我是神及其力量的临在。"

"我是无穷智慧本身。"

"我是纯意识本身。"

"我是宇宙的终极力量。"

你选好措辞以后还可以对其加以修改。接着你在后面加上你确定的真相。举例来说，我在进行流程的步骤三时会这样说：

"我是神及其力量的临在，这是我创造的幻象，不是真的，一切都是虚构的，是我意识的创造物。"

步骤三的核心要素是告诉自己真相，一切都是你创造的虚构幻象。你必须说明真相，真切地感受到自己描述真相时所用话语的真实性和力量。为什么？因为在第一阶段，你欺骗自己并隐瞒真相。你告诉自己幻象是真的，既可怕又有力量，而你却无能为力，那些谎言让你困在限制和束缚里。当你运用流程时，你必须逆转这股趋势，说出真相为何，你要怎么做，用什么话语及如何使用这些话语，都由你自己决定。

步骤四：从中收回自己的力量

在你说出关于个人创造物的真相后，你只要通过运用：

"我现在从这个创造物中收回力量！"这类话语肯定事实，就能收回自己的力量。那是我刚开始进入第二阶段时用的措辞。不过，后来我在第一句话里又增加了一些字："当我收回那股力量，我觉得那股力量又回到我身上。"（而且我真的感受到它"回流"到我身上了）接着我说："我全身上下都感受到这股能量。"（而且我全身上下真的也感受到了这股能量）

在步骤四中收回力量是流程的关键步骤，尤其是在刚开始应用这个工具时。同时，步骤五和步骤六也很重要。当你越深入第二阶段，步骤五和步骤六就越来越重要，但是之后你会知道，要精通步骤五和步骤六是要花时间的。如果你遵照步骤一到步骤四的做法，就能收回力量，你的全息图也会开始发生变化。

步骤五：越来越绽放真正的自己

在步骤五中，你越来越绽放真正的你，真正知道并确切感受到自己拥有的力量。我将其称为感受无穷能量。为了讨论方便，假设你选用我对真实自我的描述："我是神及其力量的临在。"那么你必须学会真正感受到自己是那样——真正感受到自己是具有无穷力量、无限智慧和丰盛的。你开始拿这些问题问自己："如果我有无穷的力量、无限的智慧和丰盛，那会是什么感觉呢？如果我能响指间就让自己想要的东西马上出现，那会是什么感觉呢？一直处在绝对喜悦与平静的状态中，那会是什么感觉呢?"

我通过一再重复地告诉自己下面这些话,来培养并深化这些感觉,并极为真切地感受这些话语的真相和力量:

我是神及其力量的临在,我创造了自己体验到的一切。

那里(全息图的幻象)没有力量,任何人、事、物都没有力量。

就在当下,我拥有无限的丰盛。

我拥有无穷的力量,我能创造任何我想要的东西。

我拥有无穷的知识和智慧。

我感受到源源不绝的喜悦与平静。

我对自己的所有创造物表达无条件的爱、赞赏和感谢。

就在当下,我对源源不绝的金钱表达赞赏和感谢。

这件事里并没有什么神奇之处,但是当我说出这些话时,我同时会高举双手,手掌朝上,最后我说"就在当下"时,我张开的手掌就在头顶上方。对我来说,高举双手这个动作让我觉得体内洋溢的那股力量在支持我。

以你目前的状态,你无法知道身为拥有所有上述特质的无限存有究竟是什么感觉。你不记得拥有无限能量是什么感觉。所以,在开始时你要充满信心地去感受无限力量,这种力量日后会不断扩展。如果你使用类似我所用的话语,或许刚开始的时候这些话听起来很空洞，但是没关系，不管怎样还是把话说出来。如果你采用另一种方式感受无穷能量，起初或许觉得这股能量很弱，那也没关系。只要你竭尽全力并抵抗住第一阶段中的诱惑，比如觉得自己做得不好，或"改善"太缓慢，打击自己或质疑流程。你的目标是要能随意感受无穷的能量，如果你全心全力地进行人性游戏第二阶段，你终将抵达那里。记住，当你进行第二阶段工作时，你并不孤单。大我总是在那里陪你，随时会帮助和支持你。

重点：

刚开始时，这些话或许听起来很空洞。没关系，不管怎样还是把话说出来，并尽可能地感受它。过段时间，你自然而然会觉得这些话越来越真实啦。

在步骤四中，当你确定自己从个人创造物里收回力量后，接着你彻底感受无穷能量并让自己完全融入其中。我这时会这样说，也会这样感受：

"当我感受到这股强烈的波动，我觉得自己越来越绽放出真正的我。我觉得自己在全息图中展现出越来越多真实的自我。我是神及其力量的临在。当下，我拥有无限的丰盛。"

重点：

你必须时常真切地感受到自己所说话语中隐含的真相！

当你在意识里，完全沉浸于无穷的能量中，你让当初令你感到不适的经验重现。如果你再次体验时依旧感到某些不适，将这股让你不舒服的能量融入无穷的能量中，让它消失不见。然后再次重现那个情境，一直到不适感完全消失，直到你只能感受到无穷能量为止。

步骤六：向自己和创造物表达赞赏和感谢

在步骤六（最后一个步骤）中，你审视一下激起你不适感的"电影情节"，赞赏和感谢这个创造物的非凡之处：它让原本镜花水月似的幻象变得让你信以为真。本质上，你应该对刚才从中收回力量的创造物发出一声"噢"的惊叹，并探究它何以会让你如此惊讶。我将其称为"噢效应"。因此，结束流程的步骤时，你正处于极度喜悦与洋溢的状态。

让它奏效

这看起来似乎太简单了，是吗？如果是这样，那是因为不是只有你在做，还有大我在帮你。你正在跟大我并肩合作，运用流程这个工具，让大我带领你找到彩蛋并将其打开，也让大我帮助你从中收回力量。人性游戏就是这样运行的。在第一阶段，大我竭尽全力阻挠你找到自己的力量。在第二阶段，大我竭尽全力帮助你收回并扩展力量。随着时间的演变，你通过运用流程从以往限制你财务丰盛的彩蛋（模式）中收回力量。你也让存放在彩蛋（模式）中的信念、评判和结果从此消散。

流程工具让你感到困惑或无法承受吗？若是这样，在你仰赖大我帮助你使用它一段时间后，就再也不会这样想了。我已经向世界各地数千名人士教导过流程工具。大家都需要一些练习，也很快就会"弄懂"这个工具，久而久之，就把流程变成适合自己使用的工具了。你也一样！以我的经验来看，最棘手的部分是在看似可怕的情景出现时，找到勇气直接面对这种不舒服感，衷心赞赏和感谢自己之前评判过的创造物，学会在结束流程时去聚集无穷能量，让自己彻底绽放和充满力量（因为每个人是不一样的，或许你认为这样做并不难）。然而，只要耐心练习，一切就会随之而来。

下面，我再次列出流程的运用准则供大家参考和回顾。当你感受到任何不适，而且在感受程度最强时，要深入情绪的中心并说：

"我是 _____，我创造了这一切。"（在空格处填入你所要描述的事项。）

"这不是真的。"（切实感受这句话的涵义。）

"这全都是虚构的。"（切实感受这句话的涵义。）

"这是我的意识创造出来的。"（切实感受这句话的涵义。）

"我现在从这个创造物中收回我的力量。"

"当我收回力量时，我觉得这股力量回到了我身上。"（感受它！）

"我觉得这股力量在我全身奔腾。"（切实感受到力量的奔腾。）

"当我感受到这种奔腾，觉得自己越来越充满力量，和真正的自己越来越接近，也展现出更多真正的我。我是_____。"（插入你选的描述。）

衷心赞赏和感谢自己为了创造幻象，并让自己对幻象信以为真而创造出如此惊人的杰作，也赞赏和感谢这个杰作在第一阶段有这么好的表现。

现在我们用实例说明流程。如果我所述的例子并不能引发你的不适感，请自行发挥创造出适合你的实例。假设你开车到修车厂做例行维修，服务人员对你说车子有很严重的问题必须马上解决。她告诉你要花 20000 元的修理费。假设在这个幻象中，你让自己相信，活期存折中没有足够的钱支付修理费。当服务人员告诉你这个"好消息"时，你觉得很紧张、担心或很不舒服。

这时候，你意识到你在这种情况下感受到不适，你全然迎接这股不适感，竭尽全力感受它。当感受到达最强时，你告诉自己这些话并真切地感受它们的涵义：

"我是神及其力量的临在，我创造了自己体验到的一切。这不是真的，全都是虚构的，是我的意识创造出来的。我现在从这个创造物中收回我的力量。"然后，你停顿一下继续说："当我收回力量时，我觉得这股力量回到了我身上。"此时，请你停顿一下并感受这股力量回到你身上，不管你有何感受。"我觉得这股力量在我全身奔腾。"接着你停顿一下并感受这种奔腾。"当我感受到这种奔腾，我觉得自己越来越充满力量，和真实的自己也越来越接近，在人生体验中展现出更多真正的自己。当我觉得自己向无穷能量开放时，我是 ＿＿＿＿＿＿＿＿。"

然后在意识里，你重复服务人员对你说修理费要20000元的情景。如果你还感到任何不适，就让这股不适感消散在无穷能量中，重复这个步骤直到没有任何不适感为止。接着，让自己融入这股无穷能量中，越久越好，直到自己觉得很感动。然后赞赏和感谢自己创造了这么棒的幻象，创造出汽车、汽车出的问题、修车厂和服务人员，在真正的你其实是无限丰盛的情况下，创造没有钱支付修理费并让自己信以为真的幻象。你赞赏和感谢自己身为创造者，赞赏和感谢你的创造物，赞赏和感谢从创造物中获得的价值（以此例来说，这是第二阶段收回力量并肯定真相的大好机会。)

就是这样，这就是"流程"。在你练习一阵子觉得得心应手之后，你可以根据那些会引发不适感的"电影情节"的细节和个人喜好来运用流程。整个流程或许只花一分钟就结束，或者你可以自行选择将其延长。反正到最后，流程会变得既快又容易，不必花几小时或整天的时间。我曾说过，运用流程其实是你会满心期待的，既好玩又开心的体验。我跟所有运用流程的客户和学生都是这么认为！

我在家感受到任何不适时，会靠在居家办公室的冥想椅上，闭上双眼运用流程。如果在晚餐或派对上跟别人交谈时感到不舒服，我会不看对方，开始运用流程，或是眼睛注视下方用手指摸着额头好像在沉思，不然就找借口去休息室，在那里运用流程。多多练习，你就知道在不同的情况下该如何运用流程了。这件事并不难，只需要一点点常识和练习。

重点：

你未必要在感受最强时才运用流程。

虽然到最后，运用流程会变得既快又容易，但有时候你会发现当不适感被自然引发时，并不方便或不可能运用流程。那也没关系。如果发生这种情况，你有两种选择：

1. 稍后等到方便时再运用流程，只要在意识中重复那些引发你不适的情景，重新创造不适感并运用流程即可。
2. 忽略这次收回力量的机会，你知道自己改天还是有机会的。

我想和你分享流程的额外应用，相信你会喜欢这种做法。有时候，当你觉得不舒服时，只是觉得好像有一点不适感。有时候，你的全息图中出现的某件事让你感到不适，在心中引发出特定的连锁反应："哦，不好了，如果发生这种事，就会这样、会那样，然后这样、那样……太糟糕了!"而且你会想象连锁事件的最终结果是一场灾难。

举例来说，我在简介中说过，经历过一次财务困境后，我开始创造幻象让自己相信，许多年后自己的钱又没了，在脑海里创造了这样的连锁反应："如果钱像这样流出，没有收入进来，储蓄就会花完。那么，我最后就会亏掉自己梦想的房子，必须让小孩从私立学校休学，开除对自己效忠的员工。我会成为社区和朋友眼中的耻辱，会让父亲蒙羞，也会成为写作界、演讲界和教育界同僚间的笑柄，我会意志消沉，从此一蹶不振……"

如果你经历过那种失败的连锁反应，或是你发现即使先前没有一长串连锁反应发生，自己还是体验到了深层的恐惧，担心特定灾难事件发生，那么请在意识中想象整个灾难事件，让灾难的结果出现。接着，当你体验到灾难结果产生的巨大不适感时，运用流程。这样做，就等于在三方面支持自己进行第二阶段的旅程：

1. 你会从一个巨大彩蛋或一连串有关联的彩蛋中收回力量。
2. 彩蛋中的力量一旦被收回，不适感就会永远消失。
3. 通过在意识中体验这场灾难，你就不必在全息图中制造这个幻象，也不必以更实质的形式去体验这场灾难。

重点：

在你从彩蛋（模式）中收回力量之前，这个幻象依然会看似真实，仿佛栩栩如生，而且有能够左右你的力量。

重点是，你必须知道"理性上明白某件事不是真的，是虚构的，是个人意识的创造物"和"从中收回力量"，完全是两码事。这也是许多第一阶段自助、个人成长、成功和玄学等方法最后失败的原因。光明白还不够，试图运用某些技巧来操纵全息幻象也不会奏效。为了瓦解能量场中限制你的模式，你必须确实从模式中收回力量。或许有其他我不知道的方法存在，但据我所知，没有别的方法比流程更能让你从第一阶段的受限模式中收回力量。

在进行人性游戏时，流程是我体验过的最接近奇迹的事。

如果你承诺做好流程，那么以往让你讨厌、令你痛苦、财务受限、无法丰盛的模式，就会从全息图中消失。曾经让你害怕得要死的事，反而会令你发笑。以往自动引发你生气、害怕、困窘、挫折、无能为力或自觉渺小的事，也会消失不见，甚而会感到喜悦、平静又有力量。这是多么惊人的事啊！此外，不久你就会知道，这样做会让你自然而然地接触到你在本然状态下的无穷力量、无限智慧和丰盛。

昨天我跟我太太塞西丽谈到此事。以往她常碰到一种模式，她创造了被称为"情绪风暴"的巨大不适感，把自己弄得像被狂风卷入漩涡一样无力改变此事。"我只是尽全力存活下来，等待情绪风暴过去，因为我知道这场风暴会吹袭一个小时或几天，"她说。在迈入第二阶段并学会运用流程工具后，每当情绪风暴来袭，塞西丽不再无助。她不再受到情绪风暴的摆布，也不必等待情绪结束，只要运用流程并从情绪风暴中收回力量就可以了。她知道自己收回越来越多的力量，风暴来袭的次数就会越来越少，最后风暴会从此消失。

在第二阶段，不适感只是闪着红灯提醒你："力量在这里！力量在这里！来吧！来吧！把我拿去！"当你把力量拿到手时，奇迹就会发生！

重点：

在第一阶段，你想让不好的感受远离你。在第二阶段，你说:"让不好的感受出来吧!"这样你就能从限制性的彩蛋中收回力量了。

　　虽然这本书还有五章才结束,而且我们一起进行的旅程也还没抵达终点,但是我想建议你尽可能花些时间,开始运用流程。此刻或许有某件事让你不太舒服,例如:账单、难题或事务。或许在今天或明天,有些新情况发生在全息图里让你感到不适。你越早开始运用流程,越自在地运用流程,把我提供的准则按照你个人独特的情况调整,那么流程这个工具就能为你发挥更多功效,你就能收回更多力量。

　　我们会在后面的章节继续讨论流程,现在先讨论你在人性游戏第二阶段会用到的另外两个工具。

第三个工具: 迷你流程

　　当你进入人性游戏第二阶段,你会注意到两个与金钱和财务有关的情况(及其他与金钱无关的创造物)出现了:

1. 造成不适感的经验。
2. 不会让你有不适感,却指引你找出能量场中限制模式的经验。

　　当你感觉不适,请运用流程。当你并未感到不适,却看到限制模式在运行，就应用"迷你流程"。下面，我将举例说明如何区别两者。假设你查看自己的活期存折明细，因为余额过少而令你不安，这时你可以运用流程。不过，如果你在查看活期存折明细时，因为余额看似"巨大"或"足够"，所以你并未感到不安，这时你就可以应用迷你流程。为什么？因为你的活期存折不是真的，明细表上的存款和提款数字不是真的，余额也不是真的，所以你知道自己看到的是一个受限创造物，是一个幻象。你想运用这个机会从中收回力量，再次确定真相并支持自己从金钱游戏中彻底解脱。

重点：

在第一阶段，你一而再再而三地告诉自己："钱是真的，活期存折是真的，数字是真的，金钱游戏是真的。"在第二阶段，你将这一切反转，一再地告诉自己："这是幻象，这是幻象，这是我创造的，这是我创造的。"并且从中收回力量。

迷你流程就跟流程一样，只不过因为你并未感到任何不适，所以不必进行步骤一"深入情绪的中心"。因此，你只需要按照剩下的步骤去做：

1. "我是 _____，这是我所创造的。"（在空格处填入你所选择的描述。）

2. "这不是真的。"（切实感受这句话的涵义。）

3. "这全都是虚构的。"（确实感受这句话的涵义。）

4. "这是我的意识创造出来的。"（切实感受这句话的涵义。）

5. "我现在从这个创造物中收回我的力量。"

6. "当我收回力量时，我觉得这股力量回到了我身上。"（感受它。）

7. "我觉得这股力量在我全身奔腾。"（确定感受到力量的奔腾。）

8. "当我感受到这种奔腾，我觉得自己越来越充满力量，和真正的自己越来越接近，在人生体验中也展现出了更多真实的我。我是 _____。"（填入你选的描述。）

9. 衷心赞赏和感谢自己为了创造幻象，并让自己对幻象信以为真而创出的惊人杰作，也赞赏和感谢这个杰作在第一阶段有这么好的表现。

　　如果你没有足够的时间或想要同时审视多个限制性创造物，你可以只做步骤一到步骤五，将流程简化。不过，多加练习后，你就能更加快速地通过第二阶段，从金钱游戏中彻底解脱。这里的关键要素是，审视全息图中所有的限制和幻象（尤其是让个人财务受限的幻象），说出真相并收回你的力量。

第四个工具：让话语充满力量和自我对话

在金钱游戏中，我们通常会用许多想法、概念和话语来强化财务限制的幻象。为了补足第二阶段中的赞赏和感谢工具、流程工具和迷你流程工具的运用，你要改变自己的用语、自我对话，支持自己更有力量并接受自己无限丰盛的本然状态。

因此，你要留心自己与别人的交谈和自我对话，运用下面建议的第二阶段用语代替第一阶段用语，改变所有的想法、概念和话语，并且在这样做时，请尽可能感受真相和新用语的涵义：

第一阶段用语	第二阶段用语
成本开销	请求表达赞赏和感谢
账单	请求表达赞赏和感谢
支出消费	表达赞赏和感谢
经费	每月定期表达赞赏和感谢
价格	请求表达赞赏和感谢
多少钱？	这个创造物可以请求多少赞赏和感谢？
付款	表达赞赏和感谢

通过反复的练习，你会彻底了解这个想法。就像运用流程一样，起初你或许觉得第二阶段的替代用语很空洞甚至虚假，

但是只要你越常使用这些用语，越深入第二阶段，这些用语就会变得越真实。

我们以实例说明，如果你对商店、银行或餐厅里的人，还有那些对第二阶段或从金钱游戏中彻底解脱又毫无所知的朋友或配偶提及此事，并使用我建议的用语，他们会以为你疯了。这时候，自我对话就会派上用场了。如果你跟别人讲话时必须使用第一阶段用语，那么请你同时在脑海中提醒自己真相为何，并切实地感受真相。这样做或许微不足道，或许太过了点，但是在第二阶段，一切都与从限制我们财务的模式中收回力量有关，而不是再给这些模式增加力量或维护现状。改变个人用语和自我对话，就能对这个目标产生极大的支持。

当你日复一日地运用这四个寻宝工具——赞赏和感谢、流程、迷你流程、让话语充满力量及自我对话，不可思议的事就会发生。要了解运用这些工具会发生什么事，如何在日常生活中具体运用这些工具，以及为了从金钱游戏中彻底解脱，运用这些工具时能有什么期待，请继续阅读第十一章。

第十一章　彻底解脱

> 一旦你信赖自己，就知道怎样生活。
>
> ——歌德（1749—1832）

噢！我们已经一起走了一大段路，不是吗？现在，你知道人性游戏的第一阶段和第二阶段是如何运行的，知道了我的模型背后的科学基础，也清楚在自称"人生"的纯体验式影视剧中，你创造出了自己所经历的一切的机制。同时，你也拥有了从金钱游戏中彻底解脱所需的所有寻宝工具。

本章节中，你将知道如何在日常生活中组合运用这四个寻宝工具。我也会谈论，你在使用这些工具时该有什么样的期待。之后，在第十二章中，我会跟大家分享我自己及我的客户和学生在生活中的许多故事，说明第二阶段生活的情况和感受（但是请记住，你可以自行设计专属于你的第二阶段体验）。

重点：

在第二阶段，一切人、事、物都只是为了支持你运用那四个寻宝工具。此外它们不具任何意义、重要性、目的和实质涵义。

在人性游戏第一阶段，你以外在事物为焦点。在第二阶段，你把焦点转移到内在。第一阶段的重点是隐藏个人力量、限制自己、让自己相信你和真正的你完全相反。第二阶段的重点是收回力量，想起自己是谁，再次确认真相，充满力量并神奇地增加自己赞赏和感谢的程度，并且绽放自己。这被我称为第二阶段的功课。

在第一阶段，个人全息图中发生的事对你很重要。在第一阶段，细节很重要。在第二阶段，细节却无关紧要。为什么？因为细节是大我的创造物，它们只是为了支持你进行第二阶段的功课。在第二阶段，你有没有工作、有没有浪漫关系、要向左走或向右走、赚钱或者赔钱、跟家人处得好不好，这一切都没有关系。你事业生涯的成功或失败、活期存折余额是多是少或净资产值有多少（或如何变化）也没有关系。

故事情节并不重要，唯一重要的是，故事情节如何给你提供机会去运用寻宝工具并进行第二阶段的功课。第二阶段的目标是要让你不受任何限制和束缚地进行人性游戏。因为这个宝藏无比珍贵，超乎你当前的任何想象，也让其他所有的事都相形见绌。

这个理念相当诡异。表面上，从逻辑层面上来看很容易理解，但要等到你在第二阶段有了许多真相被披露的经验后，精妙之处才会被你了解。现在只要先播下种子，它经过一些时日的浇水培养，就会发芽长大。

进入第二阶段，大我会在能量场中创造模式，然后向它灌注巨大能量，使其在全息图中产生幻象，并给你提供运用四个寻宝工具的机会，从金钱游戏中彻底解脱。在人性游戏第一阶段，你学会积极主动地走出去让事情发生，制定目标并达成目标和完成工作。这个模式是如此深植我心，让我花了 9 个月的时间才收回力量并瓦解掉。

在第二阶段，情况刚好相反。在第二阶段，你生活在我所谓的响应模式中。早上醒来等着看个人全息图中出现什么，感觉自己有什么触动或灵感，然后去做事。全息图中出现什么，你就作出响应。整天都这样做，日复一日地做。在第二阶段，没有目标、计划或预期成果，没有一年计划、五年计划或十年计划。你把注意力聚焦在当下，一分一秒地过生活。

你就像做零活的杂工，等人家请你上门做事。有人找你做事时，你去现场看看需要做什么。然后从工具包或货车中选出要用的工具。一个工具或一个项目完成后，你再挑选另一个工具完成另一个项目，总是运用最恰当的工具完成工作。有时用螺丝刀，有时用油漆刷子，有时用钻子或锯。如图 11.1 所示，你在第二阶段中，可从工具包选用的工具。

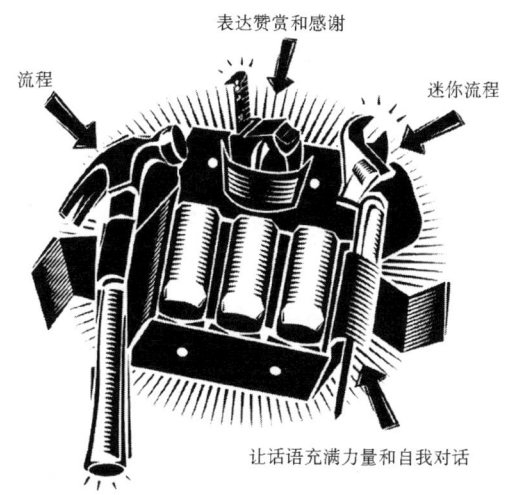

图11.1　你在第二阶段使用的工具包

　　你以一分一秒的方式过生活，并活在响应模式中，如果全息图中出现了让你觉得不舒服的经验，就从工具包中拿出流程工具使用。全息图中出现的事没有让你不舒服，却让你找到能量场中的限制模式（如：银行账户明细、财务报表、个人股票投资组合价值月报表、账单等），你就从工具包中拿出迷你流程使用。如果你发现自己以第一阶段的限制用语思考或交谈，你就从工具包中拿出"让话语充满力量和自我对话"的工具使用。一有机会，你就从工具包中拿出赞赏和感谢工具，赞赏和感谢自己创造了这么棒的创造物，赞赏和感谢自己这位创造了一切体验的创造者，也赞赏和感谢人性游戏。

如果你在一天当中有决定要做，就可以根据自己感受到的触动或灵感做决定，依循大我的指引进行每一步，信任这是最恰当的选择。如果你的决定让你感到不适，就运用流程工具，直到这个决定不再让你感到不适。然后在这个充满力量状态中，做让自己受到触动或自己现在有灵感去做的事，信赖这是最理想的选择。

重点：

大我是第二阶段的领航员，你不可能犯错，不可能把事情搞砸。你只要信赖大我，在每个当下做让自己受到触动或自己现在有灵感想做的事就行了。

在第一阶段，你让自己相信全息图中有力量存在，扮演人格面具的你是领航员，你一肩挑起完成事情的重担和责任。在第二阶段，你完全放下这些重担和责任，臣服于第二阶段的游戏，让大我指引你。如果在你放下（放手）时，出现了焦急、忧虑或担心的感觉，就运用流程工具。反正在第一阶段你从未掌控过什么。在全息图中根本没有力量存在，一切都是幻象。大我总是掌控一切并持有力量，所以在第二阶段时干脆完全放手，信赖大我，你只要确定真相并依此生活即可。

你不必主动寻找彩蛋收回力量，只要跟随大我的带领，找到那些限制你的模式。如前所述，大我知道具备最大能量的彩蛋藏在哪里，也知道你在第一阶段建造限制"大厦"时，把炸药摆在哪里，等你准备好时就可以引爆炸药，摧毁限制和束缚。以摧毁大厦的例子来说，先前我们讨论过，不必在大厦的每块砖瓦上放置炸药，只要在支撑幻象结构的主要地基上安装炸药即可。

运用流程进行第二阶段游戏，需要无比的勇气、耐心、自律、承诺和勤勉。为什么？因为如同我在第十章所说，大我会带领你找到并打开引发你内在强烈不安的彩蛋。在人性游戏第一阶段，你会躲避或设法压抑这种感觉，会想办法逃离这种感觉。在第二阶段，你要深入情绪的中心，这样做需要无比的勇气、自律和承诺，即使你觉得想要放弃，但还要保持那种"让它来吧"的态度，日复一日的继续运用流程工具。

重点：

进行第二阶段时，你必须时刻牢记：你的宝藏在旅途的终点等你，它值得你一路的付出！

运用流程工具时，也要求你切合实际，知道自己能做多少以及能多快做到。当你体会到寻宝工具的力量后，或许你想运用流程，一次收回生活中一切事物的力量，也想一次性改变全息图中的一切。这两种情况都不可取。记住，立即收回所有力量及一次性改变全息图，并不是我们的目标。大我会带领你找到具备最多力量的彩蛋，在此之前会先支持你通过无数次的流程应用，从中收回力量，直到这些支撑幻象的重要彩蛋都被找到，力量都被收回为止。在某些情况下，我要花好几天或几周时间，才能收回一个彩蛋中的力量。有些彩蛋则需要几个月、一年，甚至几年的时间，我才能将它们的限制瓦解。大我也会支持你对这些创造物表达衷心的赞赏和感谢，并赞赏和感谢身为创造者的你。你会了解到，你越深入第二阶段，赞赏和感谢工具的重要性就越发明显。

重点：

在第一阶段，你被教导"快就是好"。在第二阶段，无拘无束地进行人性游戏才是最终目标。时间表不再重要，不管花多长时间都没有关系，一切会按照最适合你的速度进行。

有时候你感到不适，当运用流程工具后，你会感到更加喜悦和充满力量。接着，几秒钟、几分钟或几小时后，你发现先前那种不适感又"回来"了。或许你觉得一样，但是情况已经改变。绝对不是先前引发不适的事又回来了，而是新的事物引发的不适。每当你运用流程收回力量后，力量就属于你。你并没有跟自己开玩笑或假装。即使你未必马上就觉得不一样（当然，在许多情况下，你会马上感受到不同），这却是千真万确的事。每次运用流程，你就有所改变，你会进入更有力量的意识状态，对你而言一切都变得不同了。如果同样的事似乎再次发生，那是同一个彩蛋中更大的力量，但不是同一个力量。欢迎不适，深入情绪的中心，运用流程并收回力量。

重点：

一旦你收回力量，力量就回归于你，你不会失去它。一旦你开始洋溢，就会一直洋溢下去。这个过程是不会退转的。

在第二阶段，你只是为了收回力量而收回力量，不是为了改变、修改或改善个人全息图而收回力量。这是你要理解的关键点。这在一开始或许是一大挑战。你不是为了让某件不好的事消失，或让某件好事出现或增加数量，才收回力量。你不是为了让业绩增加三倍，让收入翻倍，让自己还清债务，增加员工生产力，获得升迁，让自己感觉好一些或得到任何特定结果才收回力量。你要清除所有心里的小算盘、投资成效和最终成果。我知道这件事说比做容易得多，但是当你反复操练第二阶段的功课，自然而然地就会接纳这种思维。时间到了，一切都会水到渠成。

当现金流、个人事业或财务似乎出现不好的状况时，你的挑战便出现了，你运用流程开始审视自己的全息图，看看结果是否有改变。但是，这样做无法支持你从金钱游戏中彻底解脱。这种事很诡异，也很微妙，你必须避开流沙，所以请仔细听好。如果你想修改或完善个人全息图，那么你正在做什么？你在评判它！你在说："我不喜欢这个。"我们讨论过，评判会让第一阶段的幻象更为坚固。所以如果你评判某项创造物，会发生什么事呢？你在强化现况，让创造物继续存在于全息图中。事实上，你等于一直在说："那是真的！那是真的！"因此，幻象一定会坚固地呆在原处。在第二阶段，你的目标是从彩蛋中收回能量，而不是让彩蛋继续获得养分。

重点：

你不可能既评判创造物，又想从中收回力量并瓦解模式。这两者是不可兼得的。

我们来更深入地探讨这个关键概念。在第一阶段，行为和结果之间存在着因果关系的幻象。我们让自己相信："如果我做 X 和 Y，就会获到 Z。"事实上，全息图里根本没有这种关系存在。换句话说，在全息图中没有会在全息图里引发结果的起因。真正的起因都在全息图之外，真正的起因就是你的意识，是能量场中的模式和你具备的力量。

如果你运用流程时，期待在全息图中的结果会有变化，那么你在做什么？你在寻求有关真相的证据，因此你在强化这个信念："我不确定真相是不是真的。"你在审视创造物时说："嘿，你这个不好的创造物滚蛋吧，这样我才会相信这是真的。"或"嘿，你这个好的创造物出现吧，这样我才会相信这是真的。"当你这样做，全息图中不会有任何改变，你也无法收回力量或充满力量。为什么？因为你正继续给限制你的彩蛋提供能量。你明白了吗？如果不明白，当你选择迈入第二阶段，进入它一段时间后，你就会明白。在第二阶段，你的目标是觉察并真正"了解"全息图中没有一样事是真的，你拥有所有力量，但强化幻象不是第二阶段的目标。

我跟全球各地的客户和学生分享此事时，他们都了解这个概念，但是有些人会这么说："我不喜欢我的现况。这是我想从金钱游戏中彻底解脱的原因。我当然想改变我的全息图，当然想把它修改一下，当然想把它完善一下。我该怎样解决这个冲突？"你也有这种想法吗？我的答案是：你无法修改或完善某种幻象，因为那不是真的，所以没有什么事需要修改或完善，一切都是镜花水月。

从另一个角度来看，假如你是有计划地收回力量："我要收回力量，这样就能让收入翻倍。"或者，"我要收回力量，这样就能还清债务。"或是"我要收回力量，这样就能让业绩翻倍。"假设你成功地创造了想要的结果，你所做的只是用一个幻象替代了另一个幻象。你所做的只是用一个受限创造物替代了另一个受限创造物。你不是真想这么做，而是想从金钱游戏中彻底解脱。你想让自己不受任何约束或限制地进行人性游戏。只要你想修改或完善个人全息图，只要你有打算、目标或期待特定结果，你就是在强化幻象，加固你本想瓦解的彩蛋。

此外，你可以考虑下列事项，让自己不再设法修改或完善个人全息图。你在全息图中创造的每个创造物都是独一无二的奇迹。其实一切都是虚构的，都是镜花水月。不过，身为创造者的你如此聪慧又有说服力，所以让一切看起来很真实。银行账户余额是40万元还是4千元其实并无差别。百万富翁并不比破产负债20万元更好。从金钱游戏中彻底解脱并连接到自己本来无限丰盛的状态，也并不比进行第一阶段游戏和被困在财务限制中要好。

这些创造物全都不一样，但是从真正的你这个充满力量的角度来看，这些创造物都是一样的了不起。在电影里，只有5美元的角色就比拥有几千万美元的角色差吗？没有。反正电影里的角色都不是真的，都是虚构的，这些角色拥有多少钱和多少金额也不是真的，包括你个人全息图中的幻象也是一样。

所有的创造物都很完美，如果能量场中的模式没有获得能量，这些创造物就不会在你的全息图中出现。不管你如何评判这些创造物，若不是大我根据绝妙计划，故意把这些模式放到能量场中，在你的人生旅途中适时支持你，这些创造物也不会出现。

对你而言，某些创造物似乎更好的唯一原因，是你以处于第一阶段的视角去评判它们，虚构有关它们的故事并让自己信以为真。我知道或许现在你很难接受这种说法，不过这是真相，所以你创造了我来跟你分享此事。我先前说过，当你进行第二阶段的功课时，你收回越多力量，也让自己日渐充满力量时，我在此跟你分享的所有概念就会越来越真实。

当你做好第二阶段的功课后，你的全息图将会改变。你可能会审视这些改变，评判它们变得更好了。不过，真相是你的人生并未变得更好，只是变得不一样了，而且这些不一样只是为了让你单纯享受游戏的乐趣而存在。当你收回足够多的力量，重新获得自己无穷的智慧时，就会发现这一点，真正发现并深切"了解"此事（如果你承诺进行第二阶段游戏，你就能做到），是你从金钱游戏中彻底解脱的信号！

重点：

当你在第二阶段能做到只为从创造物中体验乐趣而说"我要创造××"时，你就能创造它。不过，如果你还没有完全赞赏和感谢自己已经创造的事，或者还会做出一些隐蔽和微妙的评判，抑或还有第一阶段那种"希望"创造某件事的能量存在，那么它就不会在全息图中出现。

这件事很微妙却很重要，而且如果你承诺要进行第二阶段游戏，这就是你必须跨越的一大障碍。如果你跟我和我的许多学生和客户一样，尽管知道这点，却还是在许多情况下受到诱惑，想运用流程修改或完善个人全息图，你可能会屈服于这个诱惑。如果发生这种情况，就顺其自然，这并没有什么大不了。我先前解释过，在第二阶段你不会把自己的全息图搞砸或使其出错。不过，如果你在收回力量时带着目的或打算，想修改或完善个人全息图，就会发现这样做根本行不通。之后，当你继续完成第二阶段的功课并充满力量时，这种想要修改或完善个人全息图的欲望，终究会自然地消失。

重点：

如果你想从金钱游戏中彻底解脱，你不会在乎沿途中全息图里的幻象是什么样子。你只是跟随大我的带领，在机会出现时应用寻宝工具。

有些客户和学生对我说："听起来很棒，但是对我来说却不实用。我有自己的生意，也必须聚焦于数字、目标和成果。"或"我有工作，老板期望我定期设定目标并达成。"或"我有经常性的开支，也有家要养，没办法这么随性瞎混。"如果你这么想，请先深呼吸一下，让我提醒你一些真相，它们会在你变得充满力量并更深入人性游戏第二阶段时显得越来越真实。以刚才举的例子来说，我要提醒你：

* 生意并不存在。

* 数字并不存在。

* 目标或成果并不存在。

* 工作并不存在。

* 老板并不存在。

* 经常性的开支或有家要养这些事都不存在。

一切都是虚构的，都是你的意识创造出来的。除了你，没有什么有力量——任何人、任何事都没有力量，只有你拥有所有力量。在第二阶段，大我会巧妙运用你的工作、生意、老板、家庭和一切，来支持你进行第二阶段的功课，并使你从金钱游戏中彻底解脱。

不管你是自己当老板还是工薪阶层，是失业、单身、已婚有小孩还是其他什么情况，或是可以撇开心里的小算盘、目标或特定投资成果，每一分每一秒都以响应模式过生活，并运用寻宝工具从金钱游戏中彻底解脱。即使我自己拥有几个生意，已婚有两个小孩，而且小孩年纪还小，但是这么多年来，我每天都这样做。在下一章，我会告诉你我究竟是怎么做的，并且提供让你可以依循的额外准则。其实在这方面，我的做法并不独特。

现在我想跟你聊一下，当你使用这四个寻宝工具深入第二阶段旅程的核心时，应该有何期待。在此，我要先提出一个简单的概述，之后再逐一详述。

在第二阶段应该有何期待

1. 期待有不舒服的感觉。

2. 期待发生"奇怪的事"。

3. 期待自己所有的核心信念受到挑战。

4. 期待自己感觉到困惑、挫折、压力太大和丧失判断力。

1. 期待有不舒服的感觉

最巨大的能量就藏在你觉得最不舒服的地方。因此，为了收回能量，你在许多时候一定会感到不舒服，尤其是在第二阶段刚开始时。事实上，到时候你就知道，你的意识会在你的全息图中创造一件或多件不寻常的事，让你感到极为不适。不适感就是第二阶段的名字。现在你知道这是多么棒的一件礼物。

在第一阶段，我们对巨大不适感的习惯性反应是：

"我痛恨这个。"

"让我离开这里。"

"为什么这种事会发生在我身上？"

"我现在没办法处理这件事。"

"滚开！"

这些反应都支持第一阶段的目标：限制并让自己相信你跟"真正的你"完全相反。在第二阶段，这些时刻是你给自己的大好机会，让你运用流程，从这些创造物中收回力量，向"彻底解脱点"逐步迈进。

2. 期待发生"奇怪的事"

人性游戏第二阶段的首要目标是：

（1）收回力量。

（2）让自己知道，你在第一阶段如何巧妙地欺骗了自己。

（3）支持自己回忆起"真正的你"是多么有力量，你创造了自己体验到的一切，包括那些最琐碎的细节。

为了达成这些目标，就必须创造对你而言看似"奇怪"的经验。究竟"奇怪"是指什么？我最近从字典中看到一个定义："惊人的怪异或不寻常的特质，陌生的。"如果你是让自己确信"你跟'真正的你'完全相反"的无限存有，而且你突然开始让自己知道"'真正的你'是多么有力量"，难道你不认为从第一阶段的观点来看，自己即将看到的事一定是陌生的、惊人的怪异或有不寻常的特质？没错，就是这样！以我自己的亲身体验及全球几千名客户和学生的经验来说，看起来越奇怪的事，就代表你为自己创造了获得越多力量的机会。在下一章，我将跟大家分享许多故事，告诉大家这些事情看起来有多么怪异。

你也会发现另一件事：因为情况可能变得相当怪异，你不确定事情是真的发生在你身上了，还是只是你的凭空想象。根据我自己的生活体验和客户在第二阶段的初期经验，每当你有重要的关于真相的体验时，你就会发现自己多么有力量，自己竟然能创造并控制发生在自己身上的一切，这种体验当然有超现实的一面。如果你有这种感受，请顺其自然，过一段时间就会有所改变。

3. 期待自己的所有核心信念受到挑战

如你所知，能量场中的每一个限制模式里都包含着一个或多个信念，这些信念都不是真的，都是虚构的。因此，如果你打算从金钱游戏中彻底解脱，就必须把曾经让你困在限制中的每项关于金钱的核心信念戳破，最终瓦解它们。一定要这样做才行。

重点：

你无法继续相信自己在第一阶段信以为真的事，同时又想从金钱游戏中彻底解脱，那是不可能的，这两者不可共存。

4. 期待自己感觉到困惑、挫折、压力太大和丧失判断力

如果你打算经历第二阶段的许多不适，看到许多奇怪的

事，让自己原本信以为真的一切接受极大的挑战，那么你认为自己有时候会感到困惑、挫折、压力太大和丧失了判断力吗？

当然会！

我现在回想起来都觉得好笑，在我刚开始进行第二阶段功课的第一年，我好多次仰望天空对大我说："你高估我应付此事的力量了。情况太严重了，我无法处理，我需要休息一下。请让这种情况停止吧，或让我歇一会儿吧！"

好消息是，那些感觉就等于不适感，对吧？所以，如果你感到困惑，就运用流程。如果你感到挫折，就运用流程。如果你觉得压力太大，就运用流程。如果你觉得丧失判断力，也可以运用流程。运用流程之后，你完全融入无限能量中，不会感到任何不适。你会处在充满力量的状态，直到大我引导你发现另一个彩蛋，或回到那些仍存有力量还未瓦解的彩蛋。

重点：

大我比你更了解你自己。它知道你可以处理什么，绝对不会给你超出你能力之外的事要你处理。哪怕你认为有些事超越了你的极限（其实也并非如此），你真的可以处理好它。只要你带着全然的信任去运用流程，你会活得很好。

在第六章，我说过在你的纯体验式影视剧中扮演角色的那些人，他们的存在是为了：

1. 反映你对自己或自身信念的想法或感受。

2. 和你分享那些能给予你支持的知识、智慧或洞见。

3. 让某些事发生，在你的人生旅途中给你支持。

因此，大我会处理这些演员在你生活中的角色，要求他们说出并做出各种各样的事，支持你进行第二阶段的功课。因此，期待人们说出并做出各种奇怪的事、不一致的事或是不合身份的事，都是为了支持你进行第二阶段的旅程。举例来说，我的客户南希在深入第二阶段的功课时，为自己创造了所谓的"地狱般的平安夜"，她让每一位家族成员扮演相当疯狂又不合自己身份的角色，而且那些是他们以前从未扮演过的角色。这个创造物让南希有许多机会进行第二阶段的功课。

你可能被吊起胃口，想搞清楚为什么会发生这些事，或者想搞清楚在你的电影中演员们的所说所做是在展现哪一种角色。放下这种想把事情搞清楚的欲望。如果大我要你从某个反馈、知识、智慧、洞见或全息图中某个演员所做的某件事中获益，会让这一点变得显而易见，会让你清楚知道。你不必为了此事而费心探索或绞尽脑汁去寻找答案。只要运用四个寻宝工具，收回力量并扩展意识来进行人性游戏，其他的事就顺其自然吧。

重点：

第二阶段与把事情弄清楚、逻辑或理智无关，而跟感受和直接体验有关。"了解"在第二阶段是最不受欢迎的。

这是我对第二阶段最为赞赏和感谢的事情之一。在第一阶段，我曾设法让自己的生活不要那么讲求逻辑和依循理智，但这充满压力的生活方式让我筋疲力尽，最后它也并不奏效（因为在第一阶段中，没有任何事情可以持续奏效）。进入第二阶段后，我发现当我放下理智、逻辑、不把事情弄清楚，只跟着感觉走时，实在是很放松而且开心极了。我相信你也会有这种感受。

如前所述，人性游戏第二阶段的主要部分是，赞赏和感谢自己为了欺骗自己而作出那么多神奇的杰作，创造幻象让自己信以为真，以为自己和"真正的自己"完全相反。因此，当你从彩蛋中收回力量时，大我也会带你踏上完成奇迹的胜利旅程。在运用流程后，你会发现自己经常这样喃喃自语："原来我是这样做到的！我怎么可能相信那种事？真是不可思议！"

我无法告诉你，对你而言，第二阶段或彻底解脱流程究竟是什么模样，因为这件事因人而异。但是大我知道，身为进行着独特人性游戏的独特的无限存有，你会如何彻底解脱。我可以百分之百地向你保证，如果你带着勇气、毅力、承诺和自律进行第二阶段的功课并坚持下去，即使这样做会令你害怕、不舒服和难以应付，你也终究会爱上它。而且你将在个人全息图中最终看到和内在体验到的转变会让你叹为观止。

在结束本章之前，我要提出两个重点。首先，当你进行第二阶段的功课时，请温柔一点，耐心一些。你不必马上精通寻宝工具的运用。如果你发现自己这样说：

"我怎么都做不好。"

"我刚好有机会收回全部力量，但我只收回了两成。真糟糕！"

"我绝没有力量做这件事。"

"不管我多么努力，怎么尝试，就是不奏效。"

"我做不到！"

你要认清的是，这些声音意味着那些在第一阶段奏效的限制性创造物，现在再也派不上用场了。现在，要开始运用流程解决这些问题。不管发生什么事或情况如何发展，你只要做自己能做的事，并相信每件事都在完美地运作着就可以了。不管表面上看起来怎样，你总能作出最完美的行动！

重点：

千万别低估任何"说服自己幻象是真的，你和真正的你完全相反"的可能。

不管你年龄多大，身为无限存有，你用尽所有力量、创意、发明才能、聪明才智和诡计，说服自己幻象是真的，你和真正的你完全相反。你残酷地敲打自己的头，"物质世界是真的，物质世界是真的，我的活期存折是真的，我的活期存折是真的，我的确受到限制，我的确受到限制"，直到你完全相信为止。你无情地让自己从拥有无穷力量，变成处处受限，你必须扭转一切，让自己从处处受限再回到拥有无穷力量。你需要花时间、精力、努力和自律来做它。为此事做好准备，如果你评判自己做得太慢，或觉得自己现在有太多事要做，或有别的事出现，那就让自己休息一下或运用流程。

简单讲，你在第二阶段：

* 跟随大我的带领。

* 等着看全息图中出现什么，或觉得自己受到启发要做什么。

* 当你觉得很感动，想要对所见事物有所回应时，就从工具包里拿出工具并耐心地使用它们。记住，不要试图修改或完善个人全息图。

日复一日这么做之后，某天早上醒来，你会发现在自己的全息图中有某件事改变了。或许以往让你抓狂的事，现在却令你发笑。或许以前你觉得讨厌的人，现在突然开始亲切、和善地对待你。或许金钱开始从意料之外的地方出现。先是某一件事发生变化，然后，另一件事也改变了。接着，又有别的事改变了。之后，改变的速度开始变快，进入我所谓的"奇迹领域"。但是这一切都源自日常生活中的耐心、恒心及运用寻宝工具时单纯的心态。

重点：

在第二阶段，你不主动让事情发生或"显化结果"。你只是做第二阶段的功课，当你这样做时，云雾会渐渐消散，阳光会逐渐展露出来，真正的你开始闪耀。发生这种情况时，你的全息图就会自然而然地以不可思议的方式自行改变。

对我来说，第一阶段让我筋疲力尽，一切太错综复杂了，有太多选择，有太多工作要做，发生了太多事，同时，我还要分析、处理和管理太多细节。当我深入第二阶段，我的喜悦感、平静感和满足感大幅激增（而且在持续增加中）。读到这里的你也将为自己创造同样的动力。

让我如此赞赏和感谢第二阶段的另一件事，是整个游戏规则相当简单！只要运用工具包里的四个工具，而且你很清楚地知道什么时候该用哪个工具。你活在响应模式中，等着看全息图中有什么让你受到触动，或有灵感要你做什么。然后你只要信赖大我，并做自己受到鼓舞和启发的事，或是拿出恰当的工具并运用它。你日复一日地这样做，当你收回力量时，你获得了更多的智慧也变得更加丰盛。接着，有一天，当你抵达"彻底解脱点"，你就已经收回足够的力量，充分证实了真相，也彻底赞赏和感谢了你那以不可思议的方式获得的彻底解脱，你的全息图也会自然而然地发生变化。我会在第十三章中，详述"彻底解脱点"的样子。

重点：

当你继续收回力量并扩展自己的意识，你所发现的一切都将变得越来越真实，对真相的理解也将越来越深入。

现在，我想跟大家分享发生在我自己、我的客户和学生身上的各种令人震撼的故事，借此说明第二阶段的生活可能是什么样子。当你准备好要聆听这些故事，请继续阅读第十二章。

第十二章　过来人的话

历史不过是多数人认同的一套谎言。①

——拿破仑·波拿巴

你有两种方式过活：一是认为天下没有奇迹，一是把每件事都视为奇迹。②

——爱因斯坦

当你准备好进入人性游戏第二阶段时，如果能听到别人进行这趟旅程的相关故事是很有帮助的。不过，你必须能清晰地审视这些故事。在第一阶段，我们倾向于审视别人发生的事并创造信念说："情况就是这样，我可能也会发生这种事。"我们在第一阶段都接受这种信念，即以他人的言行做榜样是非常强有力的成功策略。别人做什么，你也做什么，你照着别人的做法就能产生类似的结果。如果我们很尊敬效仿的对象，真的想要这个对象看似拥有的东西，那么这个信念就特别具有吸引力。

在第二阶段，任何信念都不能支持你。我和你分享的一切，只适用于我，支持我这个独特的无限存有以其独特的方式进行着人性游戏。能量场中安置的独特彩蛋，也是我的大我为我特别放置的。我和你分享的我的家人、客户和学生进行第二阶段旅程的故事，也是他们的大我为他们特别设计的。这些故事支持身为独特的无限存有的他们，以独特方式进行人性游戏，能量场中安置的独特彩蛋，也是他们的大我为他们特别放置的。

重点：

在第二阶段中，发生在你身上的事跟发生在别人身上的事，绝对不相关。

我可以跟你分享数千个有关我的家人、学生和客户在生活中发生的第二阶段故事。但是这样既没有必要，也无法最终支持到你。我想与你分享几个故事，说明要"期待不舒服的感觉"以及"期待第二阶段奇怪的事"可能是什么模样，也用几个故事告诉你，当你开始展现出"真正的自己"，知道自己多么有力量，是你创造了自己体验到的一切（包括细节）时，会是怎样的情况。对你来说，有些故事可能看起来很震撼或者很重要，有些故事则很琐碎或微不足道。不过，这些故事都很重要，也都经过精心挑选，并阐述我想让你了解的特定重点。

在我与你分享的故事中，我对有些故事中的人名做了改动，以保护他们的个人隐私，但是这些故事都是真人真事，并未经过任何润饰。当你阅读这些故事时，请把下面这段话牢记在心。这是莎士比亚剧作《哈姆雷特》中，当主角哈姆雷特的密友霍雷肖看到鬼却不相信鬼是真的时，与哈姆雷特之间的对话：

霍 雷 肖：啊，日与夜，这真是离奇的事！

哈姆雷特：就当它是陌生人般地欢迎它。

天地间无奇不有，霍雷肖，

它完全超乎你的哲学所及之处能够梦想到的。

我想先跟大家分享一下我期待第二阶段不适感的故事。第一个故事是一系列带领我从金钱游戏中彻底解脱的事件。在第一章，我谈过金钱游戏的规则。在第一阶段，我跟你一样相信金钱游戏的规则是真的，相信幻象有力量。因此，我在彩蛋中创造了跟真相完全相反的强烈信念。结果，我创造了相当稳固的核心信念，并把下列事项当真：

* 我拥有的财富确实反映在我的账户余额、收入和财务报表净资产值的数字上。

* 我的商业行为就是我财富的真正来源。

* 我从商业行为中获得的财富，跟以下几件事成正比：我的产品和服务有多好，我提供的产品数量、每次销

售的获利额度、精通营销及宣传的过程，这些都会便于说服人们购买产品与服务。

为了强化"这些核心信念是真的"这个幻象，我创造自己亲自参与行销，通过邮购和网络销售产品和服务，时间长达18年。

举例来说，由于这些核心信念，我每天登录自己的网络银行账户，检查账户余额，像老鹰般地观察销售数字及其他财务指标。生意好时，销售数字很不错，我的账户余额也持续增加，这让我很开心；生意不好时，销售数字不佳，收入很少又有许多账单要付，这又让我担心。如果形势不如我想的那么有利，我会采取大规模的主动模式，让某件事发生，让情况有所改善。

先前我说明过，在第二阶段，你的所有信念都会受到挑战，然后这些信念会被瓦解掉，这都是为支持你展现真相、展现无限丰盛的本然状态。结果，当我进入第二阶段后，我创造了下列幻象并让它们出现在我的全息图中：

* 我的两个生意的产品和服务的销售额几乎降到零。多年来，这些生意一直很好，但是眨眼间就急转直下，无缘无故地与成功绝了缘，销售额跌到谷底。

* 为了生意，我必须动用个人资金补贴的活期存折才能

付清账单。

* 无法从生意中支付薪水和奖金给自己。

* 我的住所必须进行几项昂贵的维修和装潢。

* 因为个人生活方式产生的大笔开销，无法从两项生意中获得收入，再加上为了补贴公司而付出大笔开销，这三项打击让我的个人存款骤减。因为我在之前几年存了相当多的钱，所以还不至于让自己陷入险境，但是当我预估未来的趋势时，可想而知这样下去终将引发灾难。

你认为我对这些创造物有何感受？我可以用两个形容词来概括形容：惊慌和极度恐惧。

通过打开这些引发强烈感受的彩蛋，你认为我给了自己怎样的礼物？那就是收回巨大力量的机会。

那么，你认为我做了什么？我每天从早到晚都在运用流程。每当我在家里走来走去（我的住所确实是我的梦想之屋），或在屋外踱步，看着美丽景色时，我就想象如果钱继续这样流出，自己就必须卖掉这幢房子。每当我在早上送孩子们到私立学校上课，看着他们进入学校时，我就想到自己无法支付学费，必须让他们转读别的学校。要离开的可是孩子们（和我老婆）都很喜欢的学校。之前我生意倒闭时，家父在他的银行为我作联名保证申请贷款，把我保释出来，我想象自己这次羞愧地对他说，自己又搞砸了。我也想象到，当那些成功的企业家、作家和教师等朋友、同事发现我的失败时，我会感到多么羞愧。这些灾难情境在我的想象中一再被放大。

我每天反复登录网络系统账户许多次，查看业绩报告，希望看到一些钱进来。但是，所得流量持续减少。我每天必须观察营业账户金额的进进出出，思考要缴付哪些账单才能确定自己能及时把钱从个人账户转存到营业账户，避免两个生意开立的支票跳票。

你知道我多么巧妙地欺骗了自己，给自己强化金钱游戏的幻象么？第一阶段就是这样运作的。

因为这一切的不适，我经常每天运用流程3个小时，有时候甚至更久。你可以看出这种密集程度。如同我在前一章所说，有时候我应用完流程后，就会进入充满力量和喜悦的状态，但是几秒钟或几分钟后，害怕和恐慌的感觉再度升起。然后，我必须再次运用流程。有时应用完流程后，我可以暂时得到解脱，直到检查账户余额或发现业务表上业务为零时，情绪又被扰乱。

我说过，我的核心信念之一是，个人的富裕程度与身为生意人和营销人士的技能，以及让事情主动发生的力量成正比。因此，为了脱离绝望并终止金钱不断流出，我马上回到主动模式，为自己的各项产品和服务推出一系列营销活动。但是宣传活动全部以失败告终，或者它们产生的收入太少而于事无补。

　　理性上，我知道第二阶段，我知道自己在前面的章节跟你分享的一切。但是如同我在第十章所说，了解和知道真相还不够。我必须从以往限制我的彩蛋中收回力量。为了收回力量，我必须打开那些彩蛋，去感受极大的不适。而且为了确切地感到不舒服，我必须创造我所体验的那种幻象。

　　惊慌和恐惧最后转变为愤怒。在第一阶段，我在青少年时期和成人生活中，创造了许多高潮与低谷，以及许多痛苦与挣扎的幻象。我也创造了许多看似让我快速成功但最后一穷二白的创业机会。当时，我认为自己被戏弄了。结果，我创造了更强的信念，我认为这个世界跟我作对，用尽一切方法捉弄我，让我事事不顺，看到我局促不安就很开心。我知道这样说，听起来很可笑。但是在第一阶段的创造物成熟期中，我真的让自己相信这是真的，我也为此感到生气和愤恨。结果，这些彩蛋在某些重要时机被打开，与其相关的所有不适感像消防栓的水柱般开始溢出。

　　一天中有好多次，当我审视自己不同账户的余额，发现余额数字越来越少时，我就运用流程，然后应用迷你流程说出真相并告诉自己："那些数字就在那里，它们看起来如此真实，那是我的力量也是我的无限丰盛状态在运行。这一切都是我的意识创造的，都不是真的！"我日复一日、一次又一次地提醒自己真相为何，就像在第一阶段，我执意让自己相信谎言一样。

同时，我这两个生意依然几乎没有进账可言。我的经常性开支相当高，还用个人资金弥补生意亏损。后来，我创造了另一个幻象，由于我的住所需要进行一连串重大维修或必要的装潢，因此需要巨大开销。举例来说，我创造了这个幻象：我家屋顶漏水，两家屋顶装修公司告诉我，屋顶太破旧了必须换新屋顶，费用是4万美元。我还创造了另一个幻象：我家一楼地板到地面的空间有积水发霉问题，必须重新安装废水排泄系统，要花1.3万美元。就这样，财务压力的幻象持续出现。

与此同时，我观察到自己所有的核心信念，那些在第一阶段让我最受限制并引发我最多痛苦的信念，都受到了挑战。这种情况持续了8个月。有时候我确实感到相当喜悦和平静，事情平稳发展的那段日子是这样。但是绝大多数时间，我的感受都很强烈又很不舒服。不过现在，我下定决心踏上第二阶段的旅程，而且要从金钱游戏中彻底解脱，所以我每天遵照承诺，生活在响应模式中，运用四个寻宝工具，对每件事都运用流程。当我对大我和这个世界感到气愤不已，担心自己的生意再度倒闭而为自己引发痛苦和羞愧时，我也运用流程。

或许你也猜得到，花那么多时间和精力做第二阶段的功课，却发现事情没有任何改变，或者情况并未好转，让我更生气了。"现在出来吧，"我对大我尖叫，"我在这里工作（运用寻宝流程工具），你知道我一心一意地做，已经8个月了。现在总该有些改变吧。"但是没有任何改变，我也没有从能量场那些限制我的彩蛋中收回什么力量。

有时我准备要放弃了，有时我质疑自己是不是疯了，有时我怀疑第一阶段和第二阶段的一切，究竟何者为真，何者为假。"收回力量，拥有无穷力量、无限智慧和丰盛"是真的，还是我在强迫自己进入疯狂的新信念体系。有时我沮丧到对大我说："我放弃。不管是不是无限存有，是不是无拘无束地进行人性游戏，如果这是我的人生，那就顺其自然，我不想再玩了。现在就给我一个突破，不然就设法让我离开这个鬼地方。我已经受够了。"

但是我知道那事关重大，我知道不管自己付出多大代价，我都想彻底解脱，想无拘无束地进行人性游戏，所以尽管那些基于第一阶段的抗拒和无益感受一再出现，我还是继续进行第二阶段的功课，继续从心里的小算盘和想修改、完善全息图，或再次获得金钱流的意图中，收回我的力量。之后，在进行第二阶段的功课一年后，我开始发现自己的全息图中出现了一些变化。我发现惊慌感和对生意再次倒闭的担心开始减少，后来甚至完全消失了。我发现自己不再像老鹰般地监视营运数字，也绝对不相信它们是真的。我注意到自己改变了，我根据乐趣作出与工作相关的决定，不再依据什么事能让我赚钱或别人对我的期望来做决定（我会在下一章运用许多篇幅来详述这个转变）。另外我也注意到，自己感到更喜悦和平静了。事实上，因为我看起来似乎很快乐，我太太开始对我做鬼脸并问我最近发生了什么事。当时我并未跟她讨论任何有关第二阶段功课的事。我自己一直默默地做。至于要不要跟"别人"讨论第二阶段这件事,我会在第十五章说明。

我也开始发现,我开始创造出对自己更友善、更体贴、更尊敬、更感激的朋友和陌生人。之后我开始注意到,自己创造了更多人接近我并提供给我演说的机会。有一次,我只花了2分钟就赚到21万美元,我会在后面的章节详述此事。另外,我也创造了一些突然出现的人,主动要求是否能向他们的顾客宣传我的产品和服务,双方分摊成本,以营销术语来说就是所谓的共同投资。我接受了几项共同投资的项目,也获得了以金钱的形式表达的巨大赞赏和感谢。突然间很多客户找我咨询指导,钱从不同的客户以各种名目不断涌进,完全出乎我的意料。那一年,我的生意业绩和获利纷纷创下历史新高。

尽管发生了这么多看似是好消息的事,请记住在第二阶段,业绩和获利创历史新高并没有任何意义,数字不是真的,我当时审视这些数字时也不认为它们是真的,不认为它们有任何意义。重点是,在我的纯体验式影视剧中,人格面具不带任何意图、欲望或自我的努力,就让丰盛幻象出现在我的全息图中。更重要的是,响应所有这些机会是一个让人很放松、喜悦又很快乐的体验,我称之为"生活方式的友好体验"。许多人在第一阶段,创造了相当多的赚钱机会,但是我们也讨论过,充分利用那些机会最终会让人付出极大的代价。

通过这一切体验，我向自己展现出，实际上我是多么有力量，也让自己体验了一下第二阶段究竟会发生什么事。如同我在前一章跟大家分享的那样，在我看到全息图中出现这些创造物之前，有很长一段时间我都生活在响应模式中。我并未设定目标，也不想要什么成果或打什么小算盘，只是一分一秒地过生活，做自己的内在由于受到鼓舞而想做的事，做自己觉得有趣的事，并进行第二阶段的功课。当我收回足够的力量也将能量场中的模式瓦解时，所有的变化就自然而然地出现了。第二阶段就是这样运作的。

几个月过去了，我的强烈体验终于减缓，不再因为那些让我感到束缚的经验而头痛。为什么？因为我已经收回足够的力量，再也不需要那种强烈感受了。然而我依旧给自己提供了许多机会，每天进行第二阶段的功课。我继续这样做，继续洋溢（力量）并更加绽放出真正的我，也继续目睹自己以不带任何意图或具体行动的方式，让许多不可思议和鼓舞人心的创造物出现在我的全息图中。

有时候，我突然有灵感想采取一项或多项行动，那我就会凭着灵感去做，接着就会出现不可思议的创造物。对我而言，生活变得越来越有趣，而且从能量和成效的角度来看，生活越来越轻松了。对我来说，我迄今跟你分享的所有概念都变得越来越真实，我以自己从未想象过的方式，对这些概念有了更深的领悟。不久后我就抵达了解脱点，这部分我会在下一章详述。

重点：

从金钱游戏中彻底解脱，与通过生意、工作、投资或遗产等传统渠道创造让自己更有钱的幻象无关，虽然你也可以选择创造出这类幻象并从中获得乐趣。从金钱游戏中彻底解脱与活出无限丰盛和创造机会有关。无限就是无穷无尽，它无法被衡量、盘查或计算，你会在下一章读到这一点。

请记住我刚才所描述的，只是我创造用于支持我自己彻底解脱的事件。这是为了回应自己在第一阶段时在能量场中放置的限制模式和彩蛋。这并不是彻底解脱所需的规则或公式，不表示你也要选择这样做。虽然你可能选择这样做，并支持自己彻底解脱，但并不表示你该期待所有"灾难"发生在你身上。你会创造最能支持你的体验，让你这位独特的无限存有进行独特的人性游戏。

也请你记住，我为了永远从金钱游戏中彻底解脱，在自己的生命中创造了为期一年半的严重痛苦。如果你选择创造类似强烈痛苦的幻象，或是更强烈更痛苦的幻象，为期 1 年、2 年甚至 5 年或 10 年，如果你能因此永远且彻底地活出自己丰盛的本然状态，这样做难道不值得么？

你最好相信此事！

你认识（或你知道）有多少人在 20 岁时就开始存钱、投资，为退休做规划，或创造财务独立？你可能就是这样做的。一般人会继续这种倾向并努力工作，通常做着自己不喜欢的事长达四十多年的时间，直到 65 岁为止。而且在大多数情况下，经过那么多年的工作后，人们还无法实现财务独立的目标或过上舒适的退休生活。对我而言，不论要花多少星期、多少个月、多少年的时间达到彻底解脱，都是值得的。而且跟第一阶段和金钱游戏不同，如果你进行第二阶段，你将会彻底解脱，也将会展现自己无限丰盛的本然状态。

我的英国客户普拉文·卡帕迪亚在参加从金钱游戏中彻底解脱的现场活动后，进入第二阶段时居然创造出了截然不同的体验。他先创造自己的业绩和获利看似暴涨的幻象。之后，他创造出自己成立新事业的幻象，创造出为了推动新事业而引发核心事业现金流出现严重问题的幻象。当时他经营的核心事业依旧健全，生意也很不错（不像我的生意一败涂地），但是他为了支持自己进行第二阶段的功课，创造出这个暂时充满压力的情况。卡帕迪亚在给我的电子邮件中写道：

我意识到是大我在给我机会，从自己对金钱状况的不适感中收回力量。我一直使用流程从财务危机中收回力量，经过一段时间后，现在发生了不可思议的改变，虽然缓慢，却真的发生了。为了从个人财务的不适感中收回力量，我还必须做更多事。但最重要的是，我完全信任大我，而且它显然巧妙地管理着我的财务状况，支持我进行第二阶段的功课。

以下是洛里·麦克劳德自述她进行第二阶段的故事：

我是全盲人士，但我不认为这是大问题。真正的问题在于，我的生活似乎一团糟，尤其是财务状况极差。在十几、二十几岁时，我很想自杀。当我发现有办法从金钱游戏中彻底解脱时，即使知道自己会负债，必须刷信用卡付款，我也赶紧报名参加了。

经过一个月认真地进行第二阶段的功课后，我开始看到改变。知道如何应付我体验到的负面想法和感受，实在好极了。我深入到这些情绪中，然后让它们一点一点丧失力量。

首先发生的事是，我尝试在家里做网络生意，结果生意失败也亏掉更多钱（原本我不必亏这些钱），我不得不运用流程，处理这件事引发的所有羞愧和无能感。然后，我突然收到社会福利局的信，他们告诉我每月的津贴增加了。虽然津贴增加不多，但就是这个至少"有增加"（原本绝不可能发生在我身上）的想法，代表通往富裕的所有障碍都被移除掉了。

重点：

全息图中没有什么是真的，包括社会福利局这类政府机构也不是真的。一切都是意识的创造物，因此，按照大我的意图可以塑造一切。

住在东京的客户迈克·洛恩参加过第二阶段的指导课程，他跟我分享他进行第二阶段的故事：

我休完假搭乘夜班飞机，在一大清早回到日本，再搭火车回东京，火车上挤满赶着上班的通勤族。当时我好累，在飞机上不舒服又睡不好，但在火车上我一下子就睡着了。到站时，我半睡半醒地拉着行李箱穿过拥挤的人群下车。火车开走时，我才惊觉自己把手提袋留在火车座位上方的架子上，行李里面有护照和其他贵重物品。我马上向铁路局人员呈报遗失物品，他们表示会尽全力追查。

当时我非常焦虑，坐立难安。渐渐地，我开始明白，就像住在别的国家的异乡人，我花了很多精力在文件上，例如：申请护照和工作签证。我的安全保障和生活方式似乎也都仰赖着自己所持有的那些文件。

回到家后，我还是很担心。铁路局的人打电话来说，他们找遍车厢都没有发现我的手提袋。后来我知道我唯一能做的是，从这些事及其在我生活的重要性中收回力量。所以接下来，我花了几个小时，不去设法找回文件，只是从我的信念和不适感中收回力量。有趣的是，当天下午我又接到铁路局打来的电话说，他们找到我的袋子了，而且里面的东西原封不动，所有东西都还在里面，请我过去拿！有机会收回力量，这是多么棒的礼物啊！

重点：

当全息图中出现一个支持你进行第二阶段功课的创造物时，这个创造物只会持续到支持你完成功课为止。一旦你完成功课，这个创造物就会消失，因为它没有继续存在下去的理由了。

我太太塞西丽选择以一个不可思议且极为强烈的体验，让自己开始进入第二阶段。我先讲讲这件事发生的背景。塞西丽和我有两个小孩，女儿阿里7岁，儿子艾丹4岁。当时我们还养了茉莉和裴瑞这两条狗。女儿念的学校里有一只天竺鼠名叫"可可饼"，学生可以把它带回家照顾。这只天竺鼠在我们家待了两周。我们把"可可饼"放出来玩时，总是小心地把我们家的狗关到另一个房间。我们家有一位年轻帮手莎莉，她身兼保姆和私人助理。最后，在塞西丽让自己进入第二阶段的那个晚上，我刚好举办为期四天的现场活动。当天是活动的第二天，与会者总会在这天来我家参加晚餐联谊。莎莉负责餐点，等餐会开始后，小孩就由她来照顾。

当天下午，塞西丽参与活动时突然接到电话，是莎莉打来的紧急电话，她说要塞西丽回家，因为狗狗茉莉挣脱狗链，攻击并咬死了天竺鼠"可可饼"。你可以想象的到，这件事让塞西丽多么不舒服。"哦，不会吧，"她想，"晚上大家都要到我们家，结果房间里有一只天竺鼠死了！"之后，这个想法和感受继续扩大，"我必须打电话跟学校说，我们杀了天竺鼠。幼儿园里那些认识并爱护天竺鼠'可可饼'的师生，一定会悲痛欲绝！啊……"

但是这件事情还没完，我们让天竺鼠"可可饼"进家门前，已经先跟女儿阿里说过，养宠物是一个要认真对待的重大任务。塞西丽后来创造出阿里因愧疚而痛打自己说："我再不能养宠物了，我不够负责任……"阿里继续边哭边自言自语。

但是这件事仍没完。一小时后，与会成员都到我们家了，餐会开始了。晚上，塞西丽听到莎莉和孩子们在楼上出现奇怪的声响。起初她没有在意，但是持续听到奇怪的声音后，她就上楼看看究竟发生了什么事。当她走进楼上的浴室时，看到莎莉昏倒在地上，艾丹脱光衣服站在浴缸里，冷水不停地从喷头流出。艾丹一直叫着"莎莉，莎莉"想把她叫醒。那就是塞西丽先前一直听到的奇怪声音。原来是莎莉在帮忙弄餐点时，喝了太多的酒而昏倒在地——在上班时。当时，这件事我全不知情。塞西丽不想让餐会扫兴，所以没有告诉我。莎莉在我们家帮忙4个月了，她的这种表现真的很不寻常。

塞西丽看到莎莉昏倒在地并呻吟着，全身发抖的艾丹在浴缸里呼喊莎莉，还有天竺鼠也死掉了，一个巨大的彩蛋为塞西丽打开了。"哦，我的天啊，"塞西丽心想，"一直以来，我这么相信这个女人，把孩子交给她照顾！沙因费尔德和我还去过伦敦一周，让她和孩子单独在家。原来孩子交给她照顾这么不安全！哦，我的天啊！我们不在时，孩子可能受到伤害致死！明天我参加活动时，莎莉又会来我们家。如果那时候孩子发生什么事怎么办？她已经害死了一只天竺鼠，又让艾丹自己待在浴缸里……"

塞西丽开始运用流程，能量不断地从有关孩子处于险境的巨大彩蛋里流出。她持续运用流程3周。这整个幻象（我建议你把它看成是由具有超高技巧的演员在全息图中扮演的幻象）是一个巧妙又精湛的创造物，让塞西丽有机会从生活中一直困扰她的"外在力量"彩蛋中收回巨大的力量。最终，我们决定解雇莎莉，塞西丽并未参加后续几天的现场活动，接下来那一个月，她运用流程处理她的创造物引发的所有感受。

重点：

在你的全息图中出现的人都是演员，他们的言行都是按照你的要求去做的，没有谁的角色是演得不到位的。

住在奥地利维也纳的布丽吉塔·纽伯格参加了从金钱游戏中彻底解脱的现场活动。她计划在活动之后和回家之前，顺便在美国四处游逛。活动第一天晚上，她创造出把皮夹遗失的幻象。皮夹里有现金、信用卡、机票和护照。当她告诉与会成员这个悲剧时，她显然处在惊恐状态。"没有那个皮夹，我就麻烦大了。活动完就不能继续旅行，活动期间也没钱吃饭，而且不能回家。我找遍所有地方，包括酒店房间、会场、车子里和所有去过的商务餐厅，就是没找到皮夹。"

我知道纽伯格创造遗失皮夹的幻象，是给自己第二阶段的绝佳礼物。"真是杰作，"我跟她说，"你创造这个幻象，是为送给自己一个很棒的礼物。明天你会学到被称为流程的工具。运用它，然后耐心观察。你的皮夹会以某种奇怪的方式再度出现。皮夹并未真的消失，只是你创造出它消失的幻象，支持自己收回力量。"正是如此，两天后，纽伯格带着灿烂的笑容进入会场告诉大家，她早上开车时，前面那辆车突然停下来，于是她紧急煞车，并看到皮夹从前座下面掉出来。"我知道自己在前座找过不止一次，"她向大家保证。

接下来我们要看看第二阶段"期待发生奇怪的事"这个层面的一些故事，了解一下创造物是如何出现在你的全息图中，让你知道其实自己多么有力量，其实你创造了自己体验到的一切。我在本书介绍中提到，我在书里与你分享的一些事听起来会很像科幻小说。当你阅读下列故事时，请记住这个提醒以及你迄今所学的一切。

我的客户丹·卡布瑞拉住在伊利诺斯州，在他参加过从金钱游戏中彻底解脱的现场活动之后，写了这封信给我：

　　我在搭车回家的途中发生了不可思议的事。从道路标志到与其他旅客的惊人交谈，一切都跟彻底解脱有关，一路上我不停地从大我处获得证实。当我回到家时，大我马上送给我两个创造物，造成我极度的不适：

　　1. 我女儿跟三位好友意见不合而翻脸，意志极度消沉。
　　2. 我在圣地亚哥的弟妹正面临重大的财务危机。

　　想起您说的话，所以受到鼓舞的我对自己说："来吧！"然后开始运用流程。隔天，当我走进办公室查看电子邮件时，我真的觉得自己收到了很棒的支持。在此，我引用学校系主任发给我的电子邮件内容来说明：

　　丹：
　　我们需要开发在线课程，以用于大学新课程中，而且这些要在2006年秋季班开课前准备妥当。我们需要开发下列在线课程。另外，我们也正在找有兴趣教导这些课程的教师。在线课程开发者与教师是同一个人或不同的人都没有关系。
　　下面我列出所有课程，但我认为你很适合UHHS410课程，它和你以前教过的AHPH课程类似。学校会支付3400美元的薪酬给你。去年夏天，学校有几个老师已经把这门课的大纲列出，你可以依据大纲开始进行准备。

我们希望在 2006 年秋季班或 2007 年春季班开这门课。你可以尽早开始着手。你有兴趣开发这门课吗？你有兴趣教这门课程或名单中的其他课程吗？

我在参加彻底解脱活动之前完成的工作计划表中，表达了想再当教育家的愿望，也想贡献时间开发在线创新教学课程，提供给大众使用。以您的话来说："噢效应"发生了，而且才刚刚拉开序幕。

参加过第二阶段指导课程的住在东京的客户麦克·洛恩，也跟我分享了他进行第二阶段的故事：

最近我待在我姐姐家度假，她有一套数字光盘影片是由英国自然学家大卫·阿滕伯勒拍的《活生生的地球》。我观赏这些影片时，真的为全息图中出现的各式各样生物的壮丽而大为赞叹，而且我是从第二阶段的角度去看。这个地球是如此不可思议的创造物，我能运用这么多生物、现象和美景，创造出如此惊人的细节，真是让我赞叹。

我的客户黛博拉·曼达斯是一名牙医，她参加了从金钱游戏中彻底解脱的现场活动。在跟同组成员共进晚餐时，她为自己创造了有趣的第二阶段体验。在晚餐前，曼达斯翻开皮夹，发现里面还有 300 美元。不过，等到晚餐后要付账时，她再打开皮夹却发现里面有 500 美元。"我确定之前皮夹里没有 500 美元，而且我没有算错，"她说。

从金钱游戏中彻底解脱现场活动的另一名学员迈克尔·哈克特创造了下列体验告诉自己，其实他多么有力量，也说明了"他创造了自己体验到的一切"这个事实：

昨天晚上我和 6 位学员一起吃晚餐。由于我的财务状态和一些其他原因，我和 70 岁的父亲同住。我跟父亲的感情很好，也很敬爱父亲。晚餐时，我打电话跟他说："父亲节快乐，"他说："你绝对猜不到，我买了什么东西。"

"买了什么？"我问。

"一部克尔维特跑车（克尔维特 [Corvette] 是美国通用旗下的跑车，在中国的知名度应该比不上法拉利和保时捷，但它在美国堪称国宝，代表着美国的历史、文化、精神，还有最高端的汽车技术），"他说。

"你是说，你买了一部克尔维特跑车？"

"这还不是最重要的部分，"他说，"你猜我花了多少钱买的。"

"多少？"

"100 美元。"

原来，家父 3 个月前在一家公共电视台买了一张抽奖券，他们刚才打电话通知父亲，赢得2005年产的克尔维特跑车。家父先前膝盖受过伤，身高180多公分的他，很难把腿弯曲，所以他不能开一般的汽车，而是开小货车。我替他感到高兴，所以我很开心。我说："你打算怎么处理这部克尔维特跑车？"

"哦，我打算换成现款。"

"是多少钱？"

"哦，至少有4万美元，可能更多，"他说。

就算那笔钱我一毛都没看到，也没关系。整件事就这样凭空出现了。从第二阶段的角度来看，我明白没有抽奖这件事，没有奖券这个东西，我父亲也没有一直持有抽奖券3个月。我突然告诉自己："哈克特，你创造了这整件事！你创造了这整件事，包括父亲中奖的故事。"我真的知道自己多么有力量，也知道整个游戏如此不可思议了，真过瘾！

跟哈克特一起共进晚餐的另一名学员，对克尔维特跑车的故事做了一个补充：

我在那里体验到这个故事，它实在让人惊叹，因为我们都觉得这个故事要告诉我们一个重大讯息。后来又发生另一件事——哈克特向我们坦白地承认了他自己的财务状态。其实，当时哈克特很缺钱，他打电话给父亲后，服务员来送上啤酒，他竟然给哈克特一杯啤酒并说："刚好最后一杯，所以这杯免费。"

　　我们听完哈克特讲跑车的故事后，大家都看着他，接着他就拿到这杯免费啤酒。而且我们心想："哇噢效应已经发生在他身上了。"15分钟后，服务员又回来宣布，他们还有更多啤酒，如果哈克特还想喝的话还可以点——但是这回可必须付钱。

　　因为这个故事跟我和现场活动的学员有关，所以我给出下面的回应：

　　除了开心，还要了解其中的重要性。餐厅不存在，服务员不存在，啤酒不存在。哈克特创造了"那是最后一杯啤酒"的幻象。因此他创造了服务员给他提供免费啤酒的幻象。

　　你看过哪家餐厅因为东西剩下所以免费供应？这不合理啊。但是，服务员只是一个按照哈克特的要求去说去做的演员，所以不需要合理，只要支持哈克特进行第二阶段的功课就行，而情况正是这样。

　　有趣的是，哈克特从小事开始，随着时间演变收回更多力量，当他越来越清楚自己能做什么，他为自己创造的各种事物就会拓展。一旦你有足够的经验，知道自己其实多么有力量，就不会否认我与你分享的一切都是真的。

　　英国客户杰夫·普里斯特利写信跟我分享他的故事：

　　那是周日早上，我在看电视连续剧《吉尔莫女孩》，那是我最喜欢的连续剧。节目从早上 10 点开始播出。我才看了 10 分钟，我老婆就说已经帮我放好了洗澡水。我上楼泡好澡，刮好胡子，穿好衣服，弄东弄西感觉自己至少花了 30 分钟。但是，当我下楼看表时发现，才 10 点 15 分。我很惊讶，看看屋里的时钟，一样都是 10 点 15 分。连续剧还在播出，我没有少看到什么。太神奇了，我继续观看剩下 45 分钟的内容，直到把那一集看完。我想，时间应该算是我到目前为止最大的限制及最信赖的幻象之一了。而大我显然不这么认为。

　　我太太塞西丽为了告诉自己她多么有力量，竟创造了另一个惊人体验。她跟女儿阿里开车出游，进行一趟长途旅行。两人都累了，决定晚上先找个地方休息。塞西丽开始在高速公路上找饭店标示。不久后，她看到标示，于是循着出口开下高速公路。出口尽头有一个标示写着：汉普顿旅馆向右走 1/3 英里。可塞西丽向右行驶了 1/3 英里，却没看到旅馆，再开半英里路，还是没看到，又开了两英里路，仍旧没看到。

　　她往回开两英里路，停在加油站并询问旅馆在哪里。"右手边 1/3 英里，你不会错过的，有很大的蓝色和红色招牌，"加油站员工跟她说。所以塞西丽开出加油站，往右再开了 1/3 英里，又开了 1/2 英里，再开两英里路，还是没看到旅馆！起初，她觉得很挫折，但是当她从中收回力量，也想起自己是在第二阶段就开始发笑。她开回高速公路上又行驶了一段路后，发现另一个出口也有旅馆。她再次依照指示开车，却没找到旅馆！旅馆应该就在那里啊。在她最终找到旅馆前，这件事反复发生了4次。

那么我问你，全息图中的任何事是真的，可靠的或一成不变的吗？

不是的！

我到华盛顿出差时，在开车回家的路上，也创造了类似的幻象。我问饭店管理员怎样开到我回家必须走的高速公路上。饭店管理员给的指示很简单。我依照最初几项指示去做，都没有问题。但接下来的指示是："开8英里路看到出口9，在出口9下去。"我开了又开，看到出口7、出口8、出口10。没有出口9！我又开了一会儿，在出口13处下去调头回到高速公路上。然后，我看到出口12、出口11、出口10，接着是——出口8。根本没有出口9！因为我在第一阶段创造了时常迷路的模式，所以现在，我开始感到受挫并开始运用流程。

后来我又在高速公路上反复调头，最后开到里根机场时，我气急败坏。当我运用流程，终于搞清楚如何开出机场回到高速公路时，又发生同样的事——出口7、出口8、出口10，没有出口9！现在，我创造了3次没有出口9的幻象。在我终于看到出口9，能够开离高速公路回家前，又经历了两次同样的状况。此刻，你或许会说："是你迷糊，出口9一直在那里，只是你错过了了。"首先，我一点也不迷糊，即使我可能错过一次，却不会错过 5 次，尤其是我先前错过几次后，之后可是相当细心。

那么我问你，全息图中的任何事是真的，可靠的或一成不变的吗？

不是的！

我指导的另一位客户罗纳德·萨文打电话告诉我，他的惊人创造物让他迈入了第二阶段。他跟我说，他安排好把 5 万美元从自己的某个账户转到另一个账户，从而让第二个账户余额为 5.1 万美元。隔天当他查账户的余额时发现，余额竟然不是 5.1 万美元，而是 10.1 万美元！他凭空创造了 5 万——反正这其实不过是钱和数字罢了！事实上，银行不存在，5 万美元不存在，转账这件事不存在，后来出现的 10.1 万美元也不存在。一切都是虚构的，都是幻象，只是萨文自己设计的杰作，让他知道其实自己有多行，全息图其实多么可变——它可以依照意识的操控而改变。

现在你从第一阶段的角度来看，可以轻易这么说："这没什么，这是完全可以理解的事。只是银行在转账时出错了，银行会发现错误，把钱要回去的。"你可以选择这样解释此事。不过，萨文和我选择从第二阶段的角度来看，也可以诠释这件事。萨文在能量场中为 5 万美元、转账和第二阶段的 10.1 万美元，创造出一个模式。然后灌注能量于让全息图中出现 10.1 万美元的幻象并对其信以为真。顺便提一下，萨文写信给我时，那笔额外的 5 万美元还在他虚构的账户中呢。

那么我再问你一次，全息图中的任何事是真的，可靠的或一成不变的吗？

不是的！

我在本章的前面对大家说过，我在两分钟内创造了 21 万美元。现在我要告诉大家那究竟是怎么回事。故事要从我刚进入第二阶段的经验说起。我的朋友兰迪·盖奇邀请我到墨西哥坎昆市国家演讲家协会的大会上演讲。我应邀讲解那个我为推销高价商品的网站所开发的营销模式。那场演讲并没有让我拿到任何费用，只不过由主办单位帮我支付所有开销。盖奇跟我说："通常，在全国演讲家协会举办的大会上不能卖东西，但是这一次，如果你想在台上推销产品并赚一点钱，你可以这么做。"

我知道对于与会的专业演讲家来说，我的营销模式能发挥神奇的功效，而且我也很兴奋自己有机会与他们分享细节。反正，我并不是想赚钱。赚钱本身并没有错，只不过我当时的动机不是要赚钱，因为我已经完全融入了第二阶段的功课。我搭上飞机前往会场，没有推销任何东西的意图，只想把必须分享的事与大家分享，享受演讲的乐趣并顺其自然。不过，当我抵达那里时，我转念一想："或许教导一些人应用这个模式也很好玩，因为我喜欢这样做。"所以，我赶紧制作文案，概述我在一年中可以提供的指导方案，并把与我共事的机会作为赞赏和感谢（当时我仍然称之为投资）。当时，我灵机一动，想到整个课程要收取 17500 美元。以往我从未开设这类指导课程。我只是受到鼓舞要这么做。我不在乎是不是有人报名或有100 人要报名，只觉得要这么做。记住，生活在第二阶段就是这样。

我发表了 3 个小时的演说，把自己所知道的和与会者做了分享。后来，演说结束时，我因为受到鼓舞而提出可以为他们指导课程，所以我只是这么说："如果你们当中任何人希望在未来一年内接受我的帮助，执行你刚才了解的一切，我可以提供指导课程，报名表在这里。"结果，大家向我围过来！他们像抢千元美钞一样抢夺报名表。报名人数超出我能接受的范围，但是我接受了其中的 12 张报名表，我觉得帮助他们应该很有趣。所以这 12 名参加课程的成员以总数 21 万美元（金钱的形式）对我表达了赞赏和感谢，这个幻象马上出现在我的全息图中。

让我跟你分享另一个有趣的实例，并以此说明第二阶段进行人性游戏的情况。我刚开始进行直销和邮购这类游戏时，还困在第一阶段受限的金钱游戏中，我创造了退款保证的幻象。在这类游戏中，你总想尽可能多地销售出产品。由于"别人各自拥有力量和自主权"这个信念，因此你必须很有说服力，让他们购买你的产品。如果你能通过提供买家不满意就退款的方式来降低买家风险，就有更多人购买产品。很合理，对吧？当然，我就这样执迷不悟了 18 年。

我甚至运用退款保证这个创造物，带来了导致我第一阶段生意惨败的经验。当时，我经营邮购生意两年，生意很好，所有数据都在预料之中。我每个月都能获得许多订单，其中有一定比例的人会买，有一定比例的人把产品退回来要求退款。但是，我突然间创造了一个业绩跌至谷底，退货量猛增的幻象。这股趋势持续了一年，最后导致生意惨败让我赔掉许多钱。结果，我创造出痛恨退款的强烈情绪，这种情绪持续了好多年。

在我进入第二阶段的许多年后，还通过邮购、杂志广告和网络经营着另一项生意，我销售产品，也提供退款保证，依旧受到大家的欢迎，如果大家不满意，我会提供退款。不过，我还是很讨厌这个服务，每次必须退款时，我就很生气。

我针对退款的不适感持续运用流程几个月，有天早上醒来时我心想："等一下！那里根本没有人，没有人需要我说服什么事，他们只是依照我的要求听命行事的演员。对于我创造的任何事，他们根本不可能不满意。是我自己创造了人们不满及要求退款的幻象，并让自己信以为真！"那天早上，我从运营活动中撤销了退款保证服务。

或许你会想到，过去 18 年所形成的强烈信念让我认为自己有提供退款保证的必要，这个决定让我感到不适，总是担心业绩会下滑。因此,只要我觉得不适或担心,就运用流程。起初,就像能量场中的模式即将改变的前兆,我创造了一些人打电话给我或发电子邮件给我,询问我们是否提供退款保证,如果有的话,条件为何。我将这些创造解释为退款保证的彩蛋中还有一些力量,我继续把寻宝工具运用在退款这个创造物上。几个月后,我就这样收回了退款保证这个彩蛋中的所有力量,它不再出现在我的全息图中。

重点:

一旦跨越"彻底解脱点",你就会开始质疑全息图中的一切,没有任何事是一成不变的。

最后,我再与你分享两个小故事。在我的第二阶段体验中,我创造了自己变胖 11 公斤的幻象。结果,我也创造了自己穿不上以前的裤子的幻象。以前我腰围 33 寸,现在必须买腰围 36 寸的裤子穿起来才舒服。所以我买了 3 件同一个牌子的腰围 36 寸的牛仔裤。我还试穿过,3 件裤子穿起来的感觉都一样。一样的款式、一样的尺寸。但是回到家后,我创造了一条裤子合身、一条裤子太紧、一条裤子太松的幻象。我也创造了自己以前穿的一条腰围 36 寸的裤子,竟然穿起来很合身的幻象。

全息图中的任何事是真的,可靠的或一成不变的吗?

不是的！

制作影片是我热爱的事情之一。我喜欢制作多媒体简报，邀请大家进入我的影音世界，并提供我说的"远程学习工具"。我运用一个软件程序将这些简报转换成 Flash 格式，以便可以在网络上播放。有一天下午，我完成三部影片后开始使用软件转换。转换完成后开始播放影片，影像却上下颠倒！我打电话给软件公司的技术支持部门，向他们请教此事，对方告诉我："那是不可能的事。这个软件不可能把影像弄成那样。"

我最后一次问你，全息图中的任何事是真的，可靠的或一成不变的吗？

不是的！

现在请听我说，在你的全息图中，一切都不是真的，都是虚构的，都是你的意识创造出来的。只要改变能量场中模式的微小细节，高速公路出口就不见了。只要改变能量场中模式的微小细节，就能创造 10.1 万美元。只要改变能量场中模式的微小细节，就能创造 12 个人参与由我指导的课程，每人以 17500 美元向我表达赞赏和感谢。只要改变能量场中模式的微小细节，牛仔裤就缩小或变大了。只要改变能量场中模式的微小细节，影片中的影像看起来就上下颠倒——即使从第一阶段的角度来看，这似乎是不可能的事。

我先前说过，这类故事多得不胜枚举，而且如果你承诺要进行第二阶段，你自己就会创造出许多故事。记住，重点是：

只要在意识和能量场的模式里稍做改变，现实就变得不稳固，不可靠或转瞬即逝了，那么当你彻底解脱，可以摆脱各种束缚和限制，进行人性游戏时，你能够做到什么呢？当你能够做到需要做的事时，全息图会出现怎样不可思议的创造物让你欣喜若狂呢？请继续阅读第十三章找出答案。

第十三章　无拘无束地玩耍

别走现成的老路，自己披荆斩棘，为后人开路。[1]

——穆里尔·斯特罗德

打造空中楼阁是没有规则可言的。[2]

——作家 切斯特顿（1874—1936）

做不可能的事是一种乐趣。[3]

——沃特·迪斯尼

请注意：你是否没有看完前面几章就直接翻阅本章？如果是这样，为了你自己好，请你看完前面几章的内容后再看这一章。除非你拿到我为你准备的所有拼图图片，看到整个彻底解脱的地图呈现在你眼前，然后你才可以运用地图真正解脱，否则，你就无法彻底解脱。相信我！

在最后这几章，我要说明的是，生活在第二阶段意味着日复一日地运用四个寻宝工具，没有任何计划，对任何成果或特定成效的投资，也没有修改或完善个人全息图的欲望。我解释过，在第二阶段，你生活在响应模式中，每一分每一秒地过生活，等着看全息图中出现什么，然后在你受到鼓舞或启发时作出回应，不断地运用流程收回不适感中的力量。

只要持续这样做，当你做到一定程度时（因为每个人的情况都不一样，所以我无法告诉你，你的"一定程度"会是怎样），就会抵达"彻底解脱点"，你跨越它之后就会进入新的世界，有新的生活方式。接下来，你会了解"彻底解脱点"究竟是怎么回事，也会知道当你跨越"彻底解脱点"后会发生的情况。不过，请记住，虽然大家在跨越解脱点后来都会发生某些事，但是你终究会有自己的"彻底解脱点"来支持身为独特存有的你，进行属于你自己的人性游戏。

重点：

每个无限存有都创造了自己独特的"彻底解脱点"，创造了"彻底解脱点"前后的一切事物。你可以运用图 13.1 所示，想象一下跨越"彻底解脱点"时的模样和感受。

图13.1　彻底解脱点

也请记住，我在本章中跟大家分享的不是理论，也不是对我所相信的可能性的叙述。我抵达过"彻底解脱点"，跨越了它，也正在以本章讨论的方式生活着。不过，我还有漫长的旅程要走。在日常生活中，我仍然运用寻宝工具，以不断加速的步伐洋溢着力量，并在个人全息图中日渐活出真正的自己。我不知道、也不想知道第二阶段究竟要走多久，我宁愿让第二阶段的壮丽景象自行展开，让惊喜不断传来。必须说的是，尽管我已经深入到第二阶段，但我还是不知道一切将会怎样。不过，在我撰写本书时，我生活中的一切都比我体验过或想体验的更为不可思议。

当你跨越"彻底解脱点"时，你已经瓦解了让自己困于财务限制的基本模式，你充满力量并活出自己本然无限丰盛的状态。到那时，你才能深切了解到，是你创造了自己体验到的一切。你打从心里知道，你绝对有力量创造任何事并让事情出现在自己的全息图中。你打从心里知道，数字不是真的，金钱不是真的，你的账户不是真的，在你的全息图里出现的资金流动也不是真的，只有你原本的无限丰盛状态是真的。你对"自己究竟是谁"的真相有完全的信任也对看法充满自信。即使现在这看起来像科幻小说的情节，却是非常真实同时也能达到的意识状态。

因此，一旦你跨越"彻底解脱点"，就不再需要查看个人账户余额或财务报表，如果你还这样做，你就只是把查看数字作为消遣并表达赞赏和感谢，但是对真相心知肚明。你也不再需要盘查或评估现金流。成本无关紧要，账单也不再重要了。

重点：

在你跨越"彻底解脱点"后，你只要对自己选择的所有创造物表达赞赏和感谢（以现金、支票、信用卡或其他汇兑等形式出现的幻象），确信自己的无限丰盛状态是真的，钱的问题都会迎刃而解。

真的，钱的问题都会迎刃而解——不管怎样就是会迎刃而解。在钱这方面，你不会受到任何限制或束缚。在第一阶段，你让自己相信，如果你想买某样东西或做某件事，必须先有钱才行，然后才能买东西或做事。如果那时你刚好手头有钱，就太好了；如果没有，就必须攒足够的钱，才能买自己想要的东西或做自己想做的事，不然就要借钱付利息。跨越"彻底解脱点"后，整个状况就会逆转。你受到鼓舞或启发，想先对某个特定创造物表达赞赏和感谢，你在表达赞赏和感谢的同时，钱的问题就会迎刃而解——不管怎样就是会迎刃而解。我一直提到"不管怎样就是会迎刃而解"，因为到那时，你会知道，当你跨越"彻底解脱点"后，要发生什么事是没有定数或固定方式的。为什么？因为无限就是无限，没有限制就是没有限制！稍后，我会在本章中给出几个例子来说明一下情况可能是什么模样，但是那只是例子，不是规则、公式或限制。

重点：

在你跨越"彻底解脱点"后，钱似乎还会来自全息图（虽然你可能并不需要钱），但是你知道真相不是这样。你知道钱来自你自己、你的意识、能量场中的模式和你的力量。钱如何在全息图中出现的故事情节，只是你为了向自己无限丰盛的状态，表达最大喜悦和乐趣所做的设计。

从此之后，以金钱的形式来表达赞赏和感谢就变得像呼吸一样自然。你不会担心下一口气从哪儿来，是吧？你不会评估或盘算现在你有多少空气，或未来有多少空气可用于呼吸。你不会想办法去获得更多空气或保护你已拥有的空气。你只是呼吸，什么都没想，你完全相信自己随时都有足够的空气。当你以自己本来就无限丰盛的状态生活时，情况就是这样。你如此"呼吸"着你的丰盛。

跨越"彻底解脱点"后活出本然无限丰盛的状态，其模样和感受究竟会是怎样呢？可以用另一种方式来看，我称其为"宇宙无限透支保障"。在银行界，有一个被称为"透支保障"的第一阶段创造物。我先说明一下透支保障的运作方式，以免有人不了解这是什么。这与你的支票账户、信用卡或其他账户有关联。如果支票账户的余额不足以支付支票金额，资金就会自动由信用卡或其他账户转过来，让支票得以兑现。

想象一下，如果你的其他账户就是你本然无限丰盛的状态，你的金钱源源不断而来，当你拥有这种透支保障时，你的人生会是什么模样，会有什么变化？想想看，如果你对自己的透支保障有绝对的信心，你只去做带给你喜悦、让你充分进行自由创造和让你狂喜的事，你可以做自己想做的事，赞赏和感谢你的创造物，开支票表达赞赏和感谢，并且知道所有支票都会兑现，那么你的人生会是怎样，会有什么变化？

重点：

在你跨越"彻底解脱点"时，就获得了从宇宙无限透支保障的资格。

当我刚刚抵达"彻底解脱点"时，理性上我知道自己刚才跟大家分享的事绝对是真理，但是我还无法这样活出来并自由地"呼吸"它。不加思考就表达赞赏和感谢，不去盘算数字就开立支票，无比信任钱的问题都会迎刃而解，这些想法总会令我害怕，不过每次在我真正做到这些时我都很快乐。

尽管我已经进行了这么漫长的旅程，有些彩蛋中还是有力量存在，它们让我担心银行会通知说支票跳票，担心销售商怒气冲冲地打电话来，担心信贷利率疯涨等诸如此类的事——而且这些担忧让我无法跨越"彻底解脱点"。换句话说，我仿佛处在一个不太明确的地带。

后来有一天，当我大规模地运用流程处理这些担忧后，我在静坐时发现大我对自己说："如果你只是知道你的丰盛就像呼吸一样，但却不懂得实际运用，那么你只是在说：'其实我的无限丰盛并不存在'或'其实我的无限丰盛可能不存在'——而且你继续喂养让自己财务受限的彩蛋。在某些时候，你必须做决定、判断真假、划定界限，并且跨出去后就不再回头。如果你处在不明确地带，就不可能彻底活出你的无限丰盛。"

我知道这些话都是真的，也很想从金钱游戏中彻底解脱，但我还是觉得不安全，好比从悬崖往下跳，而底下没有安全网一样。我继续运用流程解决这些担忧，直到有一天我醒来并对自己说："我今天要跳下悬崖，别无选择，我只能相信大我会在我跳下时，适时地支持我。"就在那一天，仿佛我的所言所行都开始真的拥有了无限丰盛，仿佛我真的拥有了"宇宙无限透支保障"，仿佛每次我把1美元丢进老虎机，就能换回3美元。我不再查看数字，不再登录网络银行账户，不再研究财务报表。

一旦我作出这个决定，我就创造了许多机会以金钱的形式表达赞赏和感谢。有时候，我以喜悦和充满力量的状态表达赞赏和感谢。有时候，（起初常是这样，后来这种情况越来越少）我一看到账单或自己开出的支票，多少还会担心，所以我就运用流程。整个过程中，我一直相信真相就是真相，相信自己是无限丰盛并依此行事。我这样持续又进行了6个月，终于跨越了"彻底解脱点"，财务"空气"从此不再匮乏！

顺便说一下，我刚才描述的事跟大家说的"弄假成真"并不一样。那是第一阶段创造物的概念，在第二阶段无法奏效。事实上，虽然许多人大力推荐，但是弄假成真在第一阶段也不奏效。我能够作出上述转变的原因在于，我已经收回了许多力量，也足够洋溢，而且最重要的是，大我在全力支持我跨出那一大步。

一旦你跨越"彻底解脱点"，你本然无限丰盛的状态就会依照你的选择呈现。我在前几章提到过，无限就是无限，它就意味着没有任何限制。金钱看似还在全息图中流动，但已没有必要。钱可能莫名其妙地出现在你的支票账户中，就如我先前说过我客户的账户中突然多出5万美元。

如果你要在全息图中赋予金钱一个来源，你可以在全息图中创造这个幻象——在街上发现一个装满现金的皮箱（这是我还没创造，但日后可能创造的个人幻想）。你那无限丰盛的呈现方式可能是，其他人以金钱的形式对你表达赞赏和感谢。举例来说，我的一个朋友在进行第二阶段的游戏。他在20年前写过一本书，某位读者看了这本书并将其加以运用并致富（这当然是我朋友的幻象），所以那位读者开了一张支票寄给我朋友说："我看了你的书，这本书对我有很大的帮助。这是我的一点心意，我十分赞赏和感谢你为我做的事。静候新作。"

以我的人生为例，我创造了提供产品与服务的自行创业幻象，我可以选择以这种方式呈现我的无限丰盛——要求演员扮演顾客的角色，不管产品与服务的品质如何，他们都会购买以表达赞赏和感谢。我也可以选择以金钱的形式向自己表达赞赏和感谢，例如：转手卖掉其中一个生意，获得一张巨额的支票。在简介中说过，我创造了卖掉蓝海软件获得 1.77 亿美元的幻象。

你也可以通过获得意外遗产来呈现自己的无限丰盛。我知道，或许你心想："我不认识任何会给我大笔遗产的人。"如果你这么想，请记住，你体验的一切都是你的意识通过能量场中的模式创造出来的，你可以在能量场中安插任何模式。不必合理或合乎逻辑，第二阶段的创造物不像第一阶段那样受到限制。一旦你跨越解脱点，你就可以只为了乐趣而创造自己想要的任何东西。

接下来，我会用一个相当极端的例子说明，我刚才分享的事所具有的力量和实际意义。我撰写这本书时，比尔·盖茨是全球首富。如果你想在你的全息图中这么做（如果这么做真的能支持你进行旅程），你可以创造比尔·盖茨濒临死亡，在遗嘱中指名由你继承 1000 万美元。此刻你或许会这么说："比尔·盖茨干吗要这样做？他根本不认识我。"我知道你选择在自己的全息图中创造此事的概率很小，但重点是，你可以这样做。你有能力和力量这样做。为什么？因为如果你真的想创造这个幻象，这只不过是能量场中的另一个模式，比尔·盖茨只是在你的全息图中会依照你的要求听命行事的另一名演员。记住，在这个例子中，比尔·盖茨不存在，死亡和遗嘱也不存在，1000万美元也不存在。你可以虚构任何你想要的情节，说明比尔·盖茨为什么要把这么多钱留给你，然后让全息图中出现这个看起来很真的幻象。这一切只是能量场中模式的细节。我知道，这样说或许会让你感到头痛，但现在不管你的旧有信念体系受到多大的挑战，你已准备好彻底接受真相。

重点：

无限就是无限，一旦你跨越"彻底解脱点"，就不再受到任何限制。只去想自己要如何玩人性游戏，以及对你来说什么才好玩、才开心。

一旦跨越"彻底解脱点"，是否就表示你可以想都不用想，就能以几百万美元的金钱的形式，购买豪宅、私人飞机、名贵汽车和奢华服饰，向自己表达赞赏和感谢呢？如果你收回足够多的力量，在能量场中瓦解了足够多的限制模式，活出了自己的无限丰盛，而且更重要的是，如果这样做真的能带给你喜悦，那么你当然可以这么做。在第二阶段没有评判——没有对、错、应该、不应该、好、坏、更好或更坏。你可以创造你想要的一切。只不过，在你进行第二阶段功课并持续充满力量后，那些创造物可能不再让你感兴趣。

我可以告诉你，以前我虽然对钱很感兴趣，但是就我目前所处的第二阶段旅程而言，我对大笔金钱已经没有什么兴趣。许多对事物的欲望终究来自第一阶段的评判和幻象，而当你进行第二阶段的功课，活出真实自我并充满力量时，这些评判和幻象终将自动消失。我创造了让自己居住在一个美丽社区的一个漂亮住宅里，我开名车、住高级饭店、在一流餐厅用餐并享受许多奢华名品这样的幻象。不过，对我来说更重要的是我所获得的喜悦和满足，它们来自不断深入的第二阶段生活、创造的狂喜，以及在全息图中持续地活出更真实的自己的努力。

重点：

每次运用流程，你就会充满力量、发生变化，也确实变得不一样，想要的东西也变了。这是在第二阶段，只能每一分每一秒地生活的另一个原因。因为几天后你可能就变了，当你不知道自己会变成什么样或自己后来想要什么（或想创造什么）时，何必给未来做打算呢？

我刚才提到的例子，都与全息图中出现的那些看似可见且可计算的金钱幻象有关。或许你觉得，如果创造这类幻象，就还在进行金钱游戏，还聚焦在累积财富上。不过，一旦你跨越"彻底解脱点",那些就跟金钱无关了。举例来说,我写这本书时还拥有几个生意,因此财富总是源源不断地增加。但我根本不在意业绩多寡,不再关心产品、服务、顾客、销售额、盈利、收入、薪水等诸如此类的事。最重要的是我自己、我的乐趣和喜悦。我只是在创造的狂喜中玩耍,向自己、向我真正想要体验的创造物,并向人性游戏本身,表达极大的赞赏和感谢——至于其他的事,包括金钱在内,一切都会顺其自然地迎刃而解。

举例来说,当我创造 12 个人参加一年指导课程,每人以17500 美元向我致谢(总计 21 万美元)时,当我创造这个幻象时注意了这个数字。看到自己只是稍微提了一下指导课程,就能创造出如此高的成效,但是在第一阶段,要创造同样的成效却得更努力工作,实在让我觉得很好笑。不过除此之外,21 万美元这个数字对我没有任何意义。我不需要钱支付账单或改善生活方式,这笔钱也无法让任何不可能的事变成可能。钱不是真的,也不具力量。为什么?因为我已经拥有无限丰盛!或许将来有一天,经营事业或看到金钱出现在个人全息图中,都不再引起我的兴趣。如我所说,我的第二阶段旅程还有漫漫长路要走呢。

重点:

在第二阶段,你做什么并不重要。重要的是,你怎么做和为什么要做，以及你在体验中获得的喜悦和有趣的程度。

第二阶段的终极目标就是无拘无束地进行人性游戏。也就是真正没有任何限制或束缚。不管从第一阶段的角度来看是怎样，你在第二阶段都可以创造任何事并从中获得乐趣。你可以无拘无束地进行经商游戏，可以无拘无束地进行医疗游戏，可以无拘无束地进行战争游戏、抚养小孩的游戏、教学游戏、写作游戏、绘画游戏或太空旅行游戏。

我刚看过一部纪录片，片中提到世界各地的珊瑚礁正濒临险境，如果我们不采取行动，再过 20 年或 30 年珊瑚礁就会消失。你可以进行拯救珊瑚礁的游戏、避免全球气候变暖的游戏，或是宣传回收的游戏，不然也可以像我的朋友一样，进行创造电动汽车的游戏。

即使你目前没有技能、没有相关背景、没有人脉或你能想到的自己应该具有的条件，但是你也可以只为了好玩，创造自己身为演员、音乐家、运动选手、大企业 CEO 或夜间新闻主播等幻象。在第二阶段，你可以在人性游戏乐园中进行任何游戏，或创造以往没人想过的崭新游戏来玩（我个人相信，在深入第二阶段后，许多无限存有都会这么做）。

重点：

在第二阶段，你想玩什么游戏就玩什么游戏，即使看起来像是第一阶段的游戏也可以。只不过你要用不同的方式玩游戏。你也可以创造以往没有人想过的崭新游戏。

我在创造要把本书的构想公布于世的幻象时，也创造了两位女士购买我的《生命的七个力量中心》的自修课程。这两位女士是从事整体医学或另类医学疗法方面工作的。完成课程后，她们都寄电子邮件给我，相当恐慌地表达了类似这样的想法："我的整个事业生涯基于：身体是真的、疾病是真的、我的技术真的能治疗人们。如果什么都不是真的，我该怎么做，离职吗？"

我回信对她们说："在第二阶段，你想要做什么，就做什么。如果你真的很喜欢治疗游戏，当然可以继续进行治疗游戏。然后，你继续创造有各种疾病的人求助于你，你继续创造各种治疗方式帮助他们——一切只是为了让你在治疗游戏中，获得最大的乐趣和喜悦。不过，如果你是因为有人把责任推给你，为了赚钱或其他原因才做目前的工作，而且这个工作并未带给你喜悦，甚至还让你觉得无趣，或是日后在你继续充满力量时让你有这种感受，你也有机会做其他选择。"

在这两位女士中，其中一位女士真的热爱治疗游戏并继续进行这个游戏。另一位女士最后离职了，当她深入第二阶段后，就往其他的创意方向发展去了。

我有几位朋友热爱买卖股票和期货。在我认识的人当中，有人喜欢买卖房地产，有人则喜欢教导别人如何买卖股票、期货和房地产。从单一角度审视这些活动，它们仅仅是第一阶段金钱游戏的活动。不过，跨越"彻底解脱点"后，这些活动就变成了截然不同的游戏，也以截然不同的方式运行。举例来说，如果你在跨越"彻底解脱点"后，选择进行股票和期货游戏，你可以用让你觉得好玩的方式，创造市场波动、买进、卖出、盈利或亏损。

如果你在跨越"彻底解脱点"后，选择进行房地产游戏，你可以为了从游戏中获得乐趣而创造出土地、房屋、建筑物、买主、卖家和房产过户的幻象，而且你可能以别人从未想过的方式去做。你做什么或怎么做，都不受限制或束缚。

如果你选择教导别人如何通过买卖股票、期货和房地产赚钱这个游戏，你可以创造有许多人想进入你的影响领域，想参加你的研讨会，想聘请你发表演说或购买你的书、磁带、课程、咨询及指导服务，而且你可能以别人从未想过的方式去做。所有可能性都不受限制或束缚。

你进行游戏所涉及的数字，包括销售额、费用、收入、盈利、资产价值、净资产值等诸如此类的数字，如果从第二阶段的角度审视和盘查，会让你觉得有趣，否则它们毫无意义。

只要你继续进行人性游戏，你就会在人性游戏乐园中选择吸引自己的项目去玩，或创造全新的项目自娱自乐。因此，只要你继续进行人性游戏，你仍会创造源自能量场中模式的幻象，仍会让事情以时间的幻象演变和发展，而不是在一响指间让事情发生。为什么？因为如果在个人全息图中创造让事情瞬间出现这种幻象，那种体验可能会让你毛骨悚然。

重点：

在第二阶段，再也没有任何事跟别人有关。一切都只和你有关，和你的乐趣、喜悦、力量有关，别人的出现只是在支持你玩自己的游戏。

现在我以一个实例来说明这个重点。去年 7 月，我的朋友李问我是否想与他合伙创办新事业，经营以他的研究为基础而开发的学习课程。我很喜欢李，他的研究也让我很兴奋。我把这个合伙关系的重点，放在帮助李制作多媒体宣传资料和课程要素上。我的内在受到鼓舞想参与，于是接受了他的邀请。当时，我是主动进行第二阶段游戏的。

现在，以第一阶段的角度来看，这个机会可能跟下列事项有关：

* 帮助李宣传他的研究。
* 帮助客户从李的研究中获益。
* 从前两项工作中尽可能赚更多的钱。

但是，在第二阶段，在我的全息图中（记住，我们不关心自己在别人的全息图中是什么），这件事和李、他的研究、他的客户或赚钱无关。而跟我有关，跟支持我自己进行第二阶段有关，跟我自己获得乐趣后进行第二阶段有关。因此我创造了这个机会——李和他的职员以特定方式演出，潜在客户和客户以特定方式演出，我也创造了机会使用自己的多媒体工具与技能，获得最大的喜悦和乐趣，还能深入第二阶段的旅程。如前所述，故事情节不重要，细节也无关紧要。生意上无论发生任何事，它们都出自我在能量场中放置的模式，这些模式是为了支持我以自己想要的方式进行第二阶段游戏。你会再次发现，第二阶段的一切都与第一阶段的情况恰恰相反。

我再举一个例子。大家都知道哈利·波特现象。在那个特定幻象里，作者罗琳完全凭灵感写出《哈利·波特》第一集，她根本没有欲望或意图要通过此书一炮而红，成为畅销书作家，也没想过要让这一系列书籍成为畅销书，后来还开拍电影并非常卖座，自己成为全球巨富之一——这些体验可以说是突然发生的。罗琳只是想写这本书，所以付诸了行动并将其发行于世。这整个体验通过生命自然流淌，通过一系列"神奇事件"，成为在罗琳的人性游戏乐园中无拘无束又狂野刺激的娱乐项目。《哈利·波特》第一集于1997年出版，到我撰写本书时，罗琳的这场体验已经持续近十年。

当我审视这个例子时，身为作家也热爱电影的我认为，要进行那样狂野刺激又没有限制的体验，肯定很猛烈——书一本又一本地出版，一系列神奇和无心的事件让这些书成为畅销书，这股旋风接着又被吹向其他惊人体验，包括根据书籍内容开拍电影。在第二阶段，我有可能会选择这样的体验，也可能不会。但如果我选择这么做，我就会在能量场中创造模式，运用我无拘无束的创造物，让整个发展循序渐进，通过时间幻象（跟罗琳的体验一样），让不同的人扮演不同角色，增加我在这个体验中获得的乐趣——而且我想享受多久，就享受多久。我会慢慢体会事情分分秒秒地发展，为每天在我全息图中出现的惊喜而兴奋不已。那就是第二阶段的生活。我不会要求事情突然发生，直接创造出最终结果并说："好了，我刚卖掉 2000 万本书，5 部电影销售额达 20 亿美元。太棒了。接下来呢？"为什么我不这么做？因为这样做一点也不好玩啊！

重点：

活出无限丰盛的状态意味着，放下你将如何活出它以及你该做些什么才能活出它的种种顾虑和思考。

我在第一阶段进行金钱游戏时，热衷于邮购事业和直销等创造物。我花了 18 年时间进行这些游戏，也成了精明的玩家。根据我在第二阶段的个人体验，我认为自己不会再用很长的时间去体验任何一件事了。我的第二阶段体验有点像冲浪。我创造出看似有趣的特定波浪，当它升起时我跳上冲浪板迎上前去，开始冲浪直到自己想离开为止。然后，我继续等待自己创造的另一道浪升起，当我受到感召时就跳上冲浪板冲浪，直到我想离开——随着我内在力量的不断增长，就继续创造出新的波浪。

我确信我刚才描述的每一件事都能让你动心。不过，你还是觉得这一切难以置信，如同遥不可及的幻想吗？你这样想是完全可以理解的，因为你在第一阶段的限制性信念仍具有强大的力量。不过我可以向你保证，我说的都是真的，如果你接受我在第十五章中提出的邀请，大步迈进第二阶段，并以我建议的方式运用寻宝工具，你就会抵达那里。如前所述，如果你还有疑虑无法作出承诺，大我会通过你创造的体验，在全息图中向你揭示真相。这一点我可以打保票。

我们先花一点时间，谈谈刚才我分享的事的科学基础。我在前面说过，一旦你通过"彻底解脱点"，就不再需要注意数字或账户、盘算或追查生活中的金钱流（除非你从第二阶段的角度选择这样做）。让我们从量子物理学的角度来审视此事。你知道科学将能量场视为无穷力量与无限潜能的来源。当意识聚焦在能量场中，由于意识与意图的决定，就从能量场中瓦解出特定的创造物和单一的可能性。

真正的你就只是意识而已。真正的你是具有无穷力量和无限丰盛的，如同科学家对能量场的定义。你在全息图中看到或体验到的一切，都源自你在能量场中安插的模式。因此，在你的全息图中，如果你决定自己查看支票账户余额，查看另一个账户余额或其他看似重要的数字，一定会发生什么事呢？你的大我必须在能量场中创造一个模式，包括与你想看到的账户和数字相关的特定细节。然后你必须给模式提供能量，让细节出现在你的全息图中，这样你才有东西可看。否则，那里根本没有东西！以量子物理学来说，当大我这么做时，无限潜能就会瓦解成一个有限的、受限制的创造物，对吧？而且不管你看到什么，一定比真正的你及你本然无限丰盛的状态要少得多。

请耐心听我说，如果你了解此事的重要性，你会震惊不已。在你通过"彻底解脱点"后，如果你再也不查看或聚焦于账户、明细表或数字，会发生什么事？如果你不看，就不需要将无限瓦解成有限，对吧？你就没必要在能量场中创造包含受限数字或想象账户等与之相关的模式，并让其出现在全息图中，对吧？那么，你只是纯粹的意识，只是以无限潜能在创造的狂喜中嬉戏的无限存有，对吧？你只是以你选择要体验的创造物表达赞赏和感谢，同时处于高度洋溢的状态中。因此在第二阶段，你不必在意数字，只要以绝对的信任和自信向自己的创造物表达赞赏和感谢，钱的问题就会迎刃而解！或许在你继续阅读以下内容前，你想把上面这几段话再看几遍。当你跨越"彻底解脱点"时，情况就是这样。

芭芭拉·杜威在其著作《意识与量子现象》中写道：

意识非常喜爱自己，主动给自己体验喜悦的祝福。如果意识不是这么沉迷于狂喜，我相信意识会令人敬畏，但敬畏只是被动的旁观者的情绪状态，而它并非我们能应用于意识的字眼。我们生而为人，越接近狂喜这种情绪状态，就越接近生命的本质，因为生活就是要这样去过。④

此刻，你可能会对自己说："好吧，那我何不继续在能量场中创造模式，让我的虚构账户中有1000万美元或10亿美元？对我来说，这样很好啊。"如果你在跨越"彻底解脱点"后想这么做，你当然可以创造这种幻象。但是，如果你对自己的"宇宙无限透支保障"拥有全然的自信，你为什么想这么做？我再跟大家分享一个例子，说明刚才这件事的重要性。

假设在一年内，你想做的每件事都绝对是自己想做的事，而你必须以25万美元的金钱的形式表达赞赏和感谢——如果你打算盘查资金流并加以统计。如果你的宇宙无限透支保障能够兑现你所开出累计25万美元的所有支票，那么你在这一年内何必需要更多收入？在第一阶段，你或许会这样回答——你可以用额外收入做更多事，支付意外开销或临时性支出，或是为退休做打算，把钱存起来为日后要做的事做准备。但是，如果你在这一年或未来，有意外开销或临时性支出，你的"宇宙无限透支保障"也会接管并兑现那些支票。当你到达退休年龄后，你的"宇宙无限透支保障"也会兑现所有支票。

所以，有了"宇宙无限透支保障"，此刻或未来你何必需要账户中有更多钱或有更多收入进来？根本没这个必要。你也不需要任何数字或事关重大的净资产值。如果你为做自己想做的每件事所开的支票都能兑现，还有必要累积那么多钱吗？

金钱游戏运作的规则是如此根深蒂固，你看出来了吗？必须尽可能地赚更多钱，把钱存起来，让净资产值越多越好，这一切都是以金钱供应不足的幻象为依据。一旦你活出自己的无限丰盛，这个不足就消失不见了，累积金钱的需求也彻底消失。

重点：

限制就是限制（不管获得的金额有多大），无限就是无限，真正的你是无限的，这是在跨越"彻底解脱点"后，你必然想达到的状态。

所以现在我要问你一个问题。先前我从不同的角度问过这个问题，但是因为你的透视眼已经打开了一段时间，所以现在我要再问你一次。如果你可以从下列两个选项中选一个，你会选择哪一个：

* 不稳定的限制性人为状态，不管可获得的金额看似多

大——必须管理、盘查、计算并评估金钱流。

* 你本然的无限丰盛状态，有宇宙无限透支保障，而且金钱供应源源不断，不必管理、盘查、计算或评估任何事。

　　我选择第二个。假设你也选择第二个，你的人生将只和持续问答这个问题有关：如果只为了游戏的乐趣，那我此刻想玩什么？这就是为什么我说进行人性游戏第二阶段，是处在创造的狂喜中，而且我之前解释过，随着你不断充满力量和持续地变化，你就会有不同的答案来回答那个问题。

　　我提供一些特定实例，来说明可能发生的情况。多年前的某天早上，我醒来时突然灵机一动，想做一个名为"从金钱游戏中彻底解脱"的全新现场活动。我认为这样做一定很有趣。我创造了这个幻象——活动的标题和副标题（跟本书同名），让它出现在我静坐时，然后我开始规划活动时间表。我只是觉得自己有一股冲动要这样做，所以我就去做了。我不是为了赚钱而做，也不是为了想帮助人而做（那里其实没有人要我帮助）。我只是因为想做，做到哪儿算哪儿。我规划了4天的活动，而且根本不知道在那4天当中自己要说什么或做什么。由于我的内在受到鼓舞，我决定向每位与会者收取2000美元，让他们以此表达赞赏和感谢。

　　或许你会问："如果钱不重要，为什么还要收取任何赞赏和感谢?"如果你有此想法，你要明白它是第一阶段的看法，也就是金钱供应有限，我把钱花掉，我的钱就会变少。表达赞赏和感谢是最自然最有力的表达形态之一，此刻你也知道其中的原因。因为创造出机会表达（或接受）赞赏和感谢是绝佳的礼物。赞赏和感谢是肯定某个创造物的价值，金钱只是这个表达的符号。这一点很微妙，而且是你真的要了解清楚的一点。

当时，我一直热衷于在网络上使用多媒体工具（音频＋视频＋文字），不断创造酷炫作品向视频制作设备和软件表达赞赏和感谢。有一天，在规划完从金钱游戏中彻底解脱的现场活动时间表后，我心想："用我的新设备和工具为这个活动制作多媒体邀请函，取代以往第一阶段所用的推销信函，这样做很有趣，不是吗?"于是我就这样做了。我在制作这个多媒体邀请函时，完全依照自己受到的启发，并用三天的时间创作出这个多媒体邀请函，而且觉得好玩极了。我并不关心是否能说服任何人参加活动。为什么? 因为在第二阶段，根本没有人在那里，我不需要说服任何人。他们都只是帮助我展开游戏的演员。我根据自己所受到的鼓舞，创造出邀请他们与会的幻象。结果，我设计出一个时长40分钟的邀请视频。有趣的是，我并没有在视频中清楚地说明活动中会发生什么事或活动重点为何。事实上，当与会者抵达会场时，我对在场所有人说，如果自己不知道这个活动主旨为何，却觉得自己必须在场的人就举手，几乎所有人都举手了。

后来我觉得自己想发一封电子邮件给个人通讯录中的朋友，通知他们这个活动。我在电子邮件中这么说：

今天我写这封信邀请你参加我在6月举办的全新现场活动。活动名称为：

从金钱游戏中彻底解脱

彻底颠覆永不能赢的金钱游戏规则，让你耳目一新的丰盛法则

活动内容就如活动名称所示，届时我会在现场跟大家分享。

如果你认为这场活动很适合你，我相信你会搜寻并发现所有令你兴奋的细节。请点击下面的链接，打开这个崭新活动的多媒体邀请函。

以往在第一阶段进行金钱游戏时，我会写一封洋洋洒洒的信，设法吸引、鼓舞或说服人们到我的网站来观看邀请视频。但是在第二阶段我根本不必这么做！我发出这封电子邮件，是因为我觉得该这么做。我不在乎到底有多少人参加活动，也许没有人来、也许有两个人来或60个人来（会议室最多容纳60人）。我不在乎自己是否能因这场活动而赚钱。为什么？因为那跟我的丰盛和丰盛来源无关。请记住，当时我已经"呼吸"

着无限的丰盛了。

后来我受到鼓舞要发第二封电子邮件给通讯录中的朋友，但是我做的宣传仅止于此。在第二阶段，没有必要宣传任何事。但是如果宣传让你觉得有趣，你当然可以创造宣传的幻象。我知道，有关这个活动的一切都来自能量场中的模式，包括多少人与会，谁来与会，以及他们是如何发现这场活动的。所以我觉得没必要操控全息图，创造会产生特定结果的幻象。最终，全球各地有 28 个人参加了这场活动，我跟与会者都玩得很开心。

重点：

当你更深入第二阶段时，你会继续每一分每一秒地过生活，活在响应模式中，跟随大我的引领，运用寻宝工具，做那些能带给你喜悦的事。

我写到这里时，依然享受着教学、写作和运用多媒体工具来创造远距学习体验，并邀请大家进入我的领地。因此，我继续以我所描述的方式，创造出机会做这些事。我未必总是这样做，但当下我是这样做的。我用这种方法做每件事（生意和个人的事），包括醒来时决定整天无所事事和看电影，或跟家人共度欢乐时光，或外出找朋友。当我继续运用寻宝工具，更深入第二阶段时，我所看到的事就越发让我热血沸腾。

在第一阶段的某一年，我对别人说："人生若能重来，我宁可当导演，因为我一直很喜欢电影和视觉媒体的丰富创意潜能，尤其现在又可以运用特效。"但是我总是放弃这个想法，反而对自己说："下辈子再说吧！这辈子我已经选择了不同的发展方向。"不过，既然我已经跨越"彻底解脱点"，我将不再放弃任何事。我知道自己可以用能量场中的模式创造出任何事，让幻象出现在我的全息图中，借此进行人性游戏并获得乐趣。

如前所述，当我进入第二阶段时，我对视觉作品的着迷程度更加强烈。奇妙的是，我未曾想过自己对视觉媒体的热情和对意识、教学与转化工作的热情，竟然可以互相结合。不过，在我写本书时，当我继续运用视觉媒体教学、玩耍和拓展可能性时，竟然发现自己热爱的这些事可以结合在一起。最重要的是，这一切是在身为人格面具的我完全不刻意或毫无意图的情况下发生的。一切都是自然流动的结果。搞不好有一天，我还会选择创造出导演电影的幻象——制作好莱坞电影或通过视觉交流故事来分享转化性知识的崭新方式。继续等待我的好消息吧！

一旦你跨越"彻底解脱点"，你就会看到相应的景象。当你更加绽放出真正的我，你会体验到你想体验的一切。我说过，第二阶段的运作或展示没有任何规则或公式可言，这才是真正令人兴奋的地方。我不知道你在第二阶段会发生什么事，但这并不重要。我说过，重要的是，在跨越"彻底解脱点"

后，你想玩什么游戏，以及怎么玩游戏。

不管此刻你怎么想，想象一下我在这一章分享的一切都是真的，对你而言是可能的。想象一下，你真的跨越"彻底解脱点"，活出自己的无限丰盛，有宇宙无限透支保障的资格，而且处在创造的狂喜的状态中。如果你真的这样生活，你还会：

* 设定目标？
* 在乎自己制造的结果？
* 担心个人收入或生意收益？
* 担心下一位客户从哪儿来或他们是否买得起你的产品或服务，如果你进行商业游戏的话？
* 担心在各种情况下要具体做什么？
* 在有折扣或有拍卖活动时才购买？
* 在乎你的账户中有多少钱？
* 在乎你的收入或净资产值？
* 在乎你的投资回报？
* 在乎经济状况或股市涨跌？

不会，不会，不会，再也不会，永远不会！

为什么？因为对你来说，这一切都不再重要。当你只为了玩游戏的喜悦，创造任何你想要的东西时，何必设定目标？当你跨越"彻底解脱点"进行第二阶段游戏时，结果不再重要。

金钱不足或任何形式的限制都不再存在。一旦你通过宇宙无限透支保障，充分运用无限供应的金钱，任何数字又有什么意义？经济状况或股市涨跌又有什么关系？反正你可以在你的全息图中，创造出自己想要的一切。

你能想象到以这种方式生活，你的人生会有多么不同吗？你的感受会有多么不同吗？如果你进行第二阶段的功课，这些情况都是真的，它们就在那里等着你。或许对你而言，一切听起来都很像是天上掉馅儿饼，其实不然。如果你根据我在本书中与你分享的一切（学问、科学、显化机制和所有故事）思考此事，你会发现，当你跨越"彻底解脱点"后发生这些事是很合乎逻辑的。我也说过你不必相信我的话或者把它当真。如果你带着耐心、承诺、自律和毅力进入第二阶段，你自己就能够，也将会证明这是真的。

请你记住，在跨越"彻底解脱点"后，不管你以为生活可能变成什么模样，或让你感到多么兴奋，但它跟实际体验相比依然相去甚远。当我"呼吸"着无限丰盛时，我体验到的喜悦、兴奋、祥和、轻松和自由，是难以用言语形容的（尽管我已经尽了全力）。我在简介中说过，从金钱游戏中彻底解脱是无法描述的，必须亲自体验才能了解个中滋味。

生活在无拘无束的第二阶段，你还会发现另一件真正酷炫的事。其他人的言行反映了你对自己或自己信念的想法和感受，对吧？如果你进行第二阶段的功课，你充满力量、开放、对自己和自己的创造物以及对人性游戏的宏伟壮丽表达赞赏和感谢,这时必定会发生什么事呢?你一定会在自己的全息图中,从其他人那里获得巨大的赞赏和感谢。这件事一定会以金钱、赞美、体贴、特别照顾、关爱、感激等形式发生。

自从我跨越"彻底解脱点"后,别人对我表达赞赏和感谢的递增程度让我震惊。这在许多小事中显现出来,餐厅服务员、零售店店员、飞机空姐和饭店前台人员都对我特别礼遇,也以重要方式显现,例如:我太太和小孩与我的互动方式,我太太娘家对待我的方式,朋友与我的互动方式,以及当我选择要演讲、举办现场活动、推出远程学习工具或撰写这类书籍时,我所创造出的与我一起进行人性游戏的其他人对待我的方式。

举例来说,当我进行第一阶段游戏时,每次举办现场活动、自学课程或写书,我总会为自己和教材创造一个相当极端的回应,总有一群人表示不满意想退回产品,要求退款或要求退回现场活动的费用。他们会否定我的构想并说:"对我来说,这东西一点也不稀奇"或"我不喜欢这东西",或是"这违反我的宗教信仰"。当时,我对自己的赞赏和感谢程度,比现在低很多。结果,它就以别人对待我和回应我的方式反馈给我。

因为我对自己、对我的创造物、对创造过程和人性游戏的赞赏和感谢程度大幅增加,所以这股动力也随之改变。你也会在自己的生活中发现这些,包括在生意中,如果你喜欢做生意的话。你可以在工作环境中持续运用寻宝工具收回力量,再次确认真相并彻底增加你的赞赏和感谢的程度，那么你跟老板、同事、下属、顾客和潜在顾客之间，一定会发生什么事呢？他们一定会越来越赞赏和感谢你！他们可能用什么方式表达赞赏和感谢呢？是意外奖金或升迁？是赞美？是大好机会？或是奖赏？当别人对你的赞赏和感谢大大增加时，生活不就变得更喜悦，更有趣也更充实吗？你最好相信就是这样！

重点：

在全息图中，没有人会故意恶劣地对待你，反对你或你的所言所行。如果有，那都是你创造的幻象，让自己信以为真。这些模式一旦瓦解，你就只是去表达赞赏和感谢，或接受赞赏和感谢，而这就是你的本然状态。

现在，你该明白为何在我们进入这一章前，我必须给你所有的拼图图片了吗？如果我没有这样做，你绝不会相信或了解"彻底解脱点"的神奇魔力。尽管我在前面的章节帮你打好了基础，你或许仍有质疑，需要你从中收回力量。如果在你阅读前面的章节时，有时会对我所说的论点感到不耐烦，希望我废话少说道出重点，此刻或许你会感激我这样编排本书的内容。

现在，你可以把书放下，感觉自己买的这本书物超所值，但是精彩的还在后头。我知道或许你有一些问题想问，有些问题可能你还没想到，如果你想为它们找到解答，请阅读第十四章。

第十四章 问答

从统计学的角度来看，每个人出现在这里的概率都是非常小的，所以只要想到存在的这个事实，就足以让我们惊喜且满足。

——医生兼散文作家 刘易斯·托马斯（1913—1993）

一个人穿起来合脚的鞋，会让另一个人挤脚；世上没有一试百灵的生活秘诀。

——心理学家 卡尔·荣格（1875—1961）

当我与现场观众分享从金钱游戏中彻底解脱的教材时，也通过《转变的自学系统》和第二阶段指导课程做分享，学员在拿到教材后以及在日常生活中运用寻宝工具时，都有机会跟我互动并提出问题。

由于本书读者不可能与我进行这样的互动，而我又想帮助大家在彻底解脱流程和寻宝工具的运用中有最大的收获，所以我把大家最常问的问题和解答整理出来，作为本章的内容供你们参考。问题和解答所占篇幅长短不一，有些问题和解答则更像两个人的交谈（以下简称"问、答"）。

问：当我对工作、配偶、朋友和家庭有责任要负时，我不知道该如何每一分每一秒地过生活，及如何活在响应模式中？

答：其实做法很简单，但是你把它搞得很复杂，就像第一阶段的那些把戏，这样使你远离了真相。你有责任要负，意味着什么呢？意味着你每天要做决定、要采取行动。我说过第二阶段要怎样？你做自己受到鼓舞或启发而想要做的事。这样就把行动层面的问题解决掉了。至于决定该怎么办？你根据自己受到的鼓舞做决定，并相信自己作出的决定是完美的，相信自己不会把事情搞砸或出错。做决定和采取行动时，如果有任何不适感就持续运用流程，直到做决定和采取行动的不适消失为止。然后，你做自己受到启发或鼓舞的事。真的就这么简单，而且不管你的处境如何都能这样做。

至于活在响应模式，大我会在你的全息图中显化许多机会，支持你进行第二阶段的功课。你将会忙于回应这些机会。当然，你不会无聊或觉得没事可做，而且不同于第一阶段的那个可能会粗心大意、健忘或压力过大的人格面具，大我会时刻留心你的事业生涯或个人生活。一切都会有最好的安排。

问：如果有人要求你或你觉得要对未来的某件事做承诺时，该怎么办？这样的话，你如何每一分每一秒地过生活呢？

答：在第二阶段，做你自己受到鼓舞或启发该去做的事。在做这些事的前后，如果你的决定或可能采取的行动让你感到任何不适，就运用流程。如果你的全息图中出现要你在未来做某件事的机会或请求，而且你受到鼓舞要这么做，你就去做。我一直都这样做。这种生活方式看似艰难或不切实际，但事实刚好相反。与第一阶段典型的生活和决策相比，这样做轻松多了，也实际多了。不过，你仍然响应全息图中出现的机会，而不是设法让某件事在不久的将来发生。此外，我不得不再次提醒你：未来并不存在。请你先想想看，第一阶段存在这个信念：未来是真的，未来就在那里，是有形的、稳固的，未来是现在的延伸，或是逻辑上的延伸。以上皆非。真相是：只有一连串的"现在"由能量场中错综复杂、互相交织的模式创造出来。审视好莱坞电影就知道，整个影片是由一系列单帧的相片组成。投影机播放影片时，这些单帧相片连在一起，创造出动作和连续性的影像，但这些都是影像。在你全息图中发生的事也一样，你所谓的"未来"就发生于能量场中的模式发生改变的时候。

问：你说在我的全息电影中，别人只是我的创造物，我给他们剧本，要他们照着剧本去说去做。那么，如果我不喜欢他们说的或做的事，如果我不喜欢剧本，我要怎么做？我要跟他们吵架吗？要求他们做别的事吗？万一我对他们发脾气了怎么办？

答：这个问题要分成几个层面来回答。首先，第一阶段的信念会让我们倾向于与那些不按照你想要他们去说去做的人争吵或对他们发脾气。从第二阶段的角度来看，你知道你只是在给自己另一个机会。假设你在拍电影，电影剧本有要求名为扮演琼的演员对扮演约翰的演员说："我恨你！"然后打他一巴掌再冲出房间。假设剧本要求扮演约翰的演员在被打一巴掌时，用手摸着脸说："啊哦！"并看着扮演琼的演员冲出房间。假设在拍摄这幕场景时，琼对约翰说她恨他，然后打了他一巴掌后走出房间。约翰会问琼："你为什么这样做"吗？不会的，约翰知道琼为什么这样做。约翰会说："住手，我不想被打巴掌！"吗？不会的，剧本就是剧本，演员只是照着剧本去演。如果你不喜欢别人的言行举止，就表示你觉得不舒服，对吧？那么，你就运用流程。你没有必要对别人表达你的不适。他们只是按照你的剧本给你一份礼物。然后，在你运用流程后，不管你只用一次还是用很多次，在面对别人时，你就根据自己受到的鼓舞或启发去说或去做。如果你进行第二阶段的功课并从不适感中收回力量，你很可能会发现别人开始按照截然不同的剧本去演，因此他们会说出和作出完全不同的事。

其次，以我的经验来说，有时候剧本确实要求你在电影中与其他演员争吵，因为争吵对你是有帮助的。举例来说，这样做可能增加你的不适感，因此你能从中收回更多的力量。所以不管怎样，如果你知道自己可以运用流程，但你还是很想和全息图中的演员争吵，你就去做，相信那次争吵能巧妙地支持你。

再者，在第二阶段中如何过活是没有规则或公式可循的。而且，如果信任自己当时真切受到鼓舞或启发去说或去做的事，你就不会犯错或把事情搞砸。这一切都是由大我放在能量场中的模式塑造出来的。

问：现在你在第二阶段旅程的哪一段，你经常和其他演员争吵吗?

答：在不适感出现时，我多半选择运用流程，而不和演员争吵，因为他们帮助我发现不适感。我认为自己很少有必要再和演员争吵，也不认为这样做有什么好处。我发现当有人说什么或做什么让我生气时，我就运用流程（一次或多次），后来他们的行为举止就会改变，没有什么好讨论的。他们只是为我作出一些举动，一旦这些举动发生了，我就进行第二阶段，所以他们不必再说什么或做什么；而且就算他们说什么或做什么让我生气，我都会再运用流程，也不和他们争吵。然而你可别把这种做法当成规则或公式。我并不总是这么做。这个做法只是适合我当时的处境，而且我想这么做。我总是信赖并跟随自己受到的鼓舞去说去做。

问：大多数人显然不知道第一阶段、第二阶段、寻宝工具、收回力量或任何相关事项。在认知上有这么大的差距时，我如何跟朋友、家人、子女、配偶、同事和别人沟通呢?

答: 我先大致上回答你的问题,再做更详细的说明。首先,你没有必要和别人讨论第二阶段的功课或概念。如果你选择和别人讨论,也请你了解这样做是没有必要的,当然你还是可以做。在第二阶段,别人是按照你的要求去表演的演员,他们只是帮助你使用寻宝工具。就算他们不知道第二阶段,也可以轻易扮演自己的角色。如果他们需要知道第二阶段,或与你谈论第二阶段,剧本中会有明确的要求和机会,你只要信赖剧本并照做就行了。我说过,我刚开始进入第二阶段时,有六个月的时间没有和妻子谈过第二阶段。当时我这样做是基于两个原因。首先,你从本书内容的呈现方式就可以知道,这不是几分钟就能解释清楚的事。有很多事要分享。其次,当时我不觉得自己受到鼓舞要这样做。当我深入第二阶段时,妻子认为我好像变得不一样,问我究竟是怎么回事。她的问题让我有机会开始讨论这整件事,所以当时我就与她讨论此事。后来,她参加从金钱游戏中彻底解脱的现场活动并了解了整个系统。如果当时我写好了这本书,那么直接给她一本看就好了。在我指导的客户中,有的是夫妻一起参加,一起进行第二阶段;也有的客户和我一样,自己先进行一段时间,然后创造别人加入他们的行列。在日常生活中,你会在自己的全息图中,发现最能支持你的选择。如果你受到鼓舞要和别人分享此事,只要让他们看看这本书,或建议他们购买《转变的自学系统》,或是建议他们参加由我举办的现场活动。

问：如果我和别人讨论第二阶段，他们觉得我疯了或认为我鲁莽行事，怎么办？

答：在你的全息图中，别人都没有力量或自主权。如果你创造那样的交谈，别人也是照着你给的剧本去演，他们可能反映出你认为这一切很疯狂，内心怀有恐惧（在刚开始经历第二阶段时很可能会出现恐惧）。不然的话，他们这样说就是为了发动某件事，支持你进行第二阶段的旅程。不管怎样，只要运用寻宝工具并响应，一切会顺其自然发展的。

问：如果有什么事困扰你或让你害怕，而且你不知道为什么，你怎么做？为了运用流程，你必须说出背后的信念或引发不适感的根源吗？

答：要运用流程，你不必说出引发你不适的根源，或对其有所了解。不舒服就是不舒服，只要运用流程就好。

问：你和夫人塞西丽曾经一起针对某件事收回力量吗？

答：没有。

问：你会考虑这么做吗？

答：别人没有必要从你的全息图中的某件事收回力量。在你的全息图中，他们没有任何力量，只有你有力量。如果我从某个彩蛋中收回力量，我的全息图会改变，塞西丽也会跟着改变。如果塞西丽看起来好像是在从我的全息图中的某件事收回力量，其实我的全息图中并没有发生任何事。但是如果我想要，我可以选择让自己的全息图中发生一些事。

在第一阶段有一个信念，如果很多人聚在一起静坐或聚焦于某件事，群体动力可以给事件增加力量，也可增加达成目标的可能性。举例来说，最近在《我们到底知道什么?》这部电影中，一个科学家描述在华盛顿地区有一项实验研究当地犯罪率为什么那么高。有一大群精通静坐的人在某个特定日子一起静坐，祈求和平。然后，当天华盛顿地区犯罪率大幅下降，让警方难以置信。

这完全是捏造的全息情景。从第二阶段的角度来看，静坐者减少犯罪率这件事根本不是真的，这是幻象。记住，在全息图中，没有因果关系。作为人性游戏的一部分，人们当然可以创造群体动力似乎为某件事增加了力量，似乎在全息图中创造出某个结果的幻象，并且让自己信以为真，但这并不是真的。我说过，如果创造跟配偶或别人一起从某件事中收回力量的幻象，会让你感到有趣，你当然可以这样做。这样做无伤大雅，只是当你这么做时要记住，什么是真的，真相为何。

问：你说，跨越"彻底解脱点"时，自己会知道。你怎么知道？是怎样的情况？

答： 你就是打从心眼里知道。就像被木棒打到头那么明显，但是不会那么痛，只是感觉很明显。你会发现自己的想法、感受和行为在变化，也会注意到自己自然而然地不再计算和评估生活中的金钱流。你会发现自己自然而然地向你的创造物表达赞赏和感谢，让事情顺其自然；你会觉得金钱不再像以往那样带给你不适或限制——不管你在全息图中审视什么。相信我，一切就是那么明显，但是每个人的情况和感受都不一样，因为每个人都是独特的无限存有。请记住，一旦你作出这个转变，就无法回头。当你发生了这个转变，就让转变发生吧。

问： 你说我在进行第一阶段和第二阶段的人性游戏时，大我会把我照顾好，适时地支持我。不过，根据你所描述第二阶段旅程的痛苦经验和你分享的别人的痛苦经验，看起来将会发生在我身上的许多事情都称不上对我有利，是吗？

答： 不利是虚构的，是第一阶段的概念和评判，不管你选择如何评判，在你的全息图中出现的一切都是有利的，否则它们就不会在那里。没有任何意外，没有任何事是随机发生的。如果发生了，就是你的大我基于某个原因，巧妙地在能量场中放置模式，让全息图中出现幻象。出现在全息图中的所有故事的涵义及其好坏都是我们虚构的。记得彩蛋的结构吗？评判就是彩蛋的主要部分。我们评判每件事，有时候认为事情不利，有时候认为事情有利。在第一阶段，两者有些许不同，但是在第二阶段，一切你认为不利的事刚好都对你有利，因为这些事让你有机会收回巨大的能量，让你获得极大的自由和喜悦！

问：那么，当你把自己第二阶段的体验描述成难以忍受时，那是你对它的评判吗？

答：我只是说明当时在幻象中，这些看似痛苦的强烈程度。我并没有说那是不好的体验，但是以当时感受到的痛苦程度来说，那些体验确实让我难以忍受。当时我清楚地知道，这些体验有重要价值。有部分的我很痛恨那些体验，那是我对体验做的评判；有部分的我希望这些体验消失不见，那也是我对体验做的评判。但是我清楚地知道，这是第二阶段的创造物，是为了支持我进行第二阶段的功课，所以我坚持做功课——如我描述的那样，一而再再而三地这样做。

问：我如何应付生活中显然仍是第一阶段幻象的所有事物——洗车、遛狗、刷牙、吃饭、工作、陪小孩玩等诸如此类的事？

答：我要分几个方面回答这个问题。首先，全息图中的一切都不是真的，只是看起来千真万确。这些幻象完全令人信服。所以，从这个观点来看，你做的任何事——不管看似大事或小事——都是一个奇迹，你可以对它和自己这位创造者表达巨大的赞赏和感谢。举例来说，刷牙时，没有牙齿、牙膏或牙刷，没有水或没有洗脸台；洗车时，没有车子、水、肥皂、蜡、海绵、抹布或喷嘴；遛狗时，没有狗、狗链、马路、草地、狗屎或塑料袋放狗屎；吃饭时，没有食物、嘴巴、牙齿，或没有咀嚼。一切都是虚构的。不过，看起来却像真的，而且因为你是从这种角度看待这个奇迹，所以每件事都是极度喜悦的体验。如果你真的这样看待事情，就没有任何事要应付（用你的说法），你只要做让你受鼓舞要做的事。

至于工作和陪小孩玩耍，除了我刚才说的话，应付这类体验就和应付第二阶段的其他体验一样，每一分每一秒地过生活，活在响应模式中，运用恰当的寻宝工具。一切都是支持你进行第二阶段功课的素材。

其次，你不必从全息图中的每件事里收回力量，而且你也做不到。比方说，你为什么想从日落、美丽的海景或森林收回力量？一切都是幻象没错，但这些是为你提供喜悦和灵感的幻象。你要从限制你的创造物中收回力量，而不是从所有创造物中收回力量，而且你只要从大我带领你找到的彩蛋中收回力量。举例来说，现在我还要刷牙，还要用牙线。我知道我的牙齿不是真的，蛀牙也不是真的。但是现在，大我还没带领我从这方面收回力量，所以我继续刷牙，继续用牙线，继续看牙医。有一天，这种情况可能改变，也可能一直不变。请记住，你创造了这一切。

在写这段文字时，我戴着眼镜。我知道眼睛不是真的，眼镜不是真的，但是大我还没带领我从这方面收回力量，所以我继续戴眼镜，我认为那是对这个创造物本身的绝佳支持。

大我确实带领我从金钱游戏、情绪游戏和人际关系游戏中收回了巨大的力量，我也跟随它的带领而运用四个寻宝工具。随着时间流逝，我越深入第二阶段，天知道大我会带领我运用寻宝工具做什么，情况会变成怎样，我不知道也不在乎，反正一切都会非常令人满意。

问： 有时候，我会这样想："我不知道这东西是否真的奏效，我不知道第一阶段、第二阶段、收回力量这些东西是不是真的，或者我只是被骗了，或让自己对听起来很了不起的学问着迷。我不知道对我来说，这东西是否奏效。"我该怎么办？

答： 你的问题可分成两个部分：怀疑和想知道这样做是否奏效。我们分别审视这两个部分。首先，有这些想法让你有何感觉？不舒服，是吗？那么，你怎么做？运用流程处理这些感觉。接着，请记住，第一阶段的目标是不顾一切地让你远离自己的力量。让你远离真相，把假的当成真的，最好的办法就是让事情不奏效，让你以为自己在骗自己，是吧？这是一个绝妙策略，而且在第一阶段运行得相当好。当你有那样的感觉时，你正在告诉自己，你在第一阶段是怎么骗自己的，你也给自己一项大礼，让自己能从那些幻象中收回许多力量。

其次，在第一阶段还有一个幻象，让你认为错误与错误导致的结果这两者之间有因果关系。因此，我们在第一阶段说某件事奏效时，就是这个意思。在第二阶段不存在这样的因果关系。在第二阶段，如你所知，你既运用寻宝工具，也知道让事情顺其自然。你没有打小算盘，没有对成果投资，没有要修改或完善全息图的欲望。

放下它是否看起来奏效的想法。只要你评判，就继续供应能量给幻象，也就无法收回自己的能量。只要你寻求证实，你就是在说："我不相信这是真的。"如果你那样说，真相就无法表现得像真相，因为限制性彩蛋中还有力量存在。这一点很微妙，但很重要。我知道说比做容易多了，但是当你继续运用寻宝工具并继续充满力量时，一切会变得越来越容易。

你的全息图将会改变。当你收回力量并瓦解模式时，你的全息图必然随之改变。但是，在进行第二阶段功课时，全息图的改变是自然发展的结果。全息图不会也不能只因为你不喜欢这样东西，或你比较喜欢别的东西，而产生改变。现在你应该了解原因何在了。

问：有时候，我很难分辨也很困惑，想搞清楚自己获得的信息或指引，或是受到鼓舞要说或做的事，究竟是来自大我还是人格面具，还是我内在本源或内在导师的声音。我要如何理清此事？

答：你如何描述不知道这些指引是从何而来的感受？有任何不适感吗？

问：我觉得不安，因为我担心听错指引或信息，也担心犯错。

答：如果这种想法让你不安，你就运用流程。就这么简单。没有例外可言。不管这个不安感是什么或出自何处，都没有关系。

问：你说当不适感出现时，就要运用流程。那么，我把所有我不喜欢的事、我不想要的事都写下来，然后逐一运用流程，并不是为了摆脱掉这些事，而是因为这些事让我有不适感，我可以从中收回力量，这样做明智吗？

答：你让大我带领你找到彩蛋。你不必自己去找它们。列出清单并有系统地采取行动让事情发生，这是第一阶段的老把戏。到了第二阶段，出现什么，你就应付。为什么？因为大我想告诉你，那些要瓦解第一阶段幻象的最具威力的炸弹放在哪里。根据我个人及学员的生活经验，一旦你承诺要进入第二阶段，大我会让你忙碌不堪，而且你根本不觉得自己有必要找机会收回力量。你会为自己创造不同的情境。第二阶段的生活就是响应全息图中出现的事，做你受到鼓舞或启发去做的事——

不是因为这样做很合理，或这样做很适当或很明智，或你觉得应该这样做。所以，以这个例子来看，如果你真的强烈感受到自己有触动或有灵感要列出清单（而非因为第一阶段的旧有创造物和习性），那么你就遵照这个触动，相信它并这样做。

问：我的脑子里有许多声音、自我审判、自我批评和自我怀疑。一旦我从创造它们的模式中收回足够的力量，它们就会消失吗？

答：如果你因为不喜欢它们，想让它们消失而这样做，那么它们是不会消失的。你不能一边评判，一边想从中收回力量，这是两个无法共存的活动。但是，如果你不带任何意图或打小算盘，日复一日地进行第二阶段的功课，它们终究会从你的全息图中消失，这是你逐渐充满力量的自然结果。你是伟大的无限存有，你不可能会评判、批评或怀疑自己。你只是创造那些幻象，让自己信以为真。当你从那些创造物和幻象中收回力量，就如同你从任何限制性创造物中收回力量一样，模式就随之瓦解，创造物就从全息图中消失。这是一定会发生的转变。

问：那么正直、伦理和道德又怎样呢？

答：起初，你可能不喜欢或不同意我的答案。但是，我在此告诉你真相。从第二阶段的角度来看，正直、伦理和道德都是第一阶段的创造物，都是虚构的，都是看似真实的幻象，就像全息图中的其他东西一样。如果你诚实客观地从第一阶段的角度审视此事，情况也是这样。历史上，人们试图提出能适用千年及各种文化的单一道德标准。你知道吗？这是不可能的事。我们说的正直、伦理和道德其实因人而异，因时代而异，因文化而异，也因情况而异。

问：你谈到宇宙无限透支保障，谈到向自己想要体验的创造物表达赞赏和感谢，并且全然相信金钱的问题会迎刃而解。这真的表示，如果你（人格面具）想要或需要什么东西，不必查看账户余额就直接购买吗？或是要等到所需金额显化了才能购买？

答：你问这个问题，因为你还把许多能量放在金钱游戏中——现在你当然是这样。不过，一旦你跨越"彻底解脱点"，你绝不会再问这个问题。一旦你跨越"彻底解脱点"，你有绝对的自信，相信真正的自己，相信自己多么有力量，相信你的无限丰盛是真的，也能充分运用。当你有这种把握时，你只要对自己想要的东西表达赞赏和感谢，根本不必查看账户余额，钱的问题会迎刃而解。

要抵达并跨越"彻底解脱点"，是要花时间的。而且如果你和我一样（或许你会创造不同的事），一旦你跨越"彻底解脱点"，就会继续收回力量并拓展更多可能性。我刚跨越"彻底解脱点"时，就某种程度来说，我可以用这种方式向许多创造物表达赞赏和感谢。不过，由于我在第一阶段放置的彩蛋，我发现如果我考虑以超过特定金额的数字表达赞赏和感谢时，就会再次引发限制信念，就会感到不安。所以，我运用流程解决这些不安，继续扩展自己的可能性。结果，我现在可能做的事已远远超出我的想象。

问：大家谈论的潜意识及潜意识具有巨大的力量又是怎样呢？

答：潜意识这种东西并不存在，那是第一阶段为了支持幻象成真而设计的创造物。记得我说过，为了让人性游戏在第一阶段运行，所有真相多少都必须受到扭曲吗？人们所说的潜意识就是那样，是对能量场、大我和意识之真相的曲解。

问：你说你在第二阶段活在响应模式中，你跟随大我的带领，没有小算盘、要求、目标或成果地运用寻宝工具。那么需要和欲求该怎么办？在第二阶段可以主动创造事物吗？我们在什么时候可以这样做？

答：你的问题源自第一阶段的这个信念——必须主动、显化并创造个人现实。第二阶段没有规则或公式可言。为了用你想要的方式进行人性游戏，你创造你想要的一切。我说过，我还有漫长的旅程要走。我不知道第二阶段最后会带领我到哪里，更不知道第二阶段会带领别人到哪里。关于这方面，我有一个理论跟大家分享。在第二阶段，臆测并没有多大价值（那是第一阶段的把戏），但是或许你发现臆测是有价值的，所以我跟你分享这个理论。刚开始时，第二阶段就和运用寻宝工具有关。你要收回许多力量，要瓦解许多模式，要体验并享受许多洋溢和赞赏和感谢，主动创造事物并不在你所要做的事的清单上。就像你在第一阶段读医学院时，起初你忙于学习人体，没有想过如何动手术或治疗病患。

然而我的理论是，随着你深入第二阶段，主动创造事物开始变成可能。我的理论是，到那个时候，不同人会作出不同的选择。有些人会决定主动创造幻象，有些人则继续让幻象自然呈现以获得惊喜。

以我在第十二章与大家分享的故事为例，或许我有一天早上醒来，决定我真的想有导演电影的体验。那么，我的大我就可能创造那个体验，让它随着时间流逝出现在我的全息图中，让我可以从这个创造物中获得纯然的喜悦。身为人格面具，我不会事先知道所有细节，因为这样的话还有何乐趣可言？大我总会创造模式，提供能量让幻象出现在我的全息图中，让我进行人性游戏。

另一个可能性是，或许我不会决定自己去导演电影，但是每天早上醒来看着全息图中出现的事，对我来说就是一个惊喜。在我写本书时，我就生活在这种惊喜模式中。而且我发现这种惊喜总是让我非常快乐。当我继续洋溢，我可能还会继续这样生活，也可能有其他发展。事实上，如果你仔细审视我刚才说的这两个例子，其实"决定"创造某件事和任其自然发展以获得惊喜，两者之间并没有重大差别。

问：我还不了解为什么我该聚焦，或赞赏和感谢某个不真实的东西。这件事我还是搞不懂。

答：当你审视此事时，你不清楚什么？

问：既然全息图中的一切都不是真的，我不懂为什么我该注意或提供能量赞赏和感谢它。

答：你喜欢电影吗？

问：喜欢。

答：你在屏幕上看到的电影是真的吗？

问：就某种程度来说，是真的。

答：电影是真的吗？如果电影中有人被刺伤，他们真的被刺伤吗？

问：没有。

答：好的。你会赞赏和感谢制片人、导演、演员、工作人员、动画制作师、特效人员和其他所有相关人士为制作电影所付出的时间和精力吗？

问：当然会。

答：只要把同样的想法对应到你的生活里。你是导演、制片人、动画制作师、特效人员和电影明星。你创造男女演员、工作人员、场景、特效，一切都是你的创造物。你在意识中制作了整部片子，然后自己融入其中，而不是坐在影院里观赏。你说服自己那是真的，但其实一切只是镜花水月。你进入那个境界。如果你赞赏和感谢让电影成真的幕后人员，你就能轻易地赞赏和感谢自己让全息图看似真实的辛苦杰作，更何况相较而言，这项工程要难得多。

问：你曾针对以前的事并运用流程吗？可以运用流程处理孩提时代的事吗？

答：有，但或许不是以你说的方式。我再次强调，你没有必要自己去找彩蛋收回力量。你不必回想过去，挑出看似引发你痛苦的事件并运用流程。不适感自然出现时，你才运用流程。换句话说，大我会带领你去寻找彩蛋并为你打开彩蛋。当然，在你这么做时，你深入到与过去有关的不适感中。所有的彩蛋都是在你成长的过程中创造并被赋予能量的。

不过，我可以告诉你，以我的经验来看，当我运用流程时，我很少意识到这个不适感是跟过去某个事件或经验有关。我只是让自己融入这股不适感，并未想到它是什么、从哪里来等诸如此类的事。用那种方式分析，回到过去找出引发痛苦的核心，并有意识解决它们，这是第一阶段的创造物和把戏。你没有必要知道彩蛋在哪里，除非你知道这样做能支持你用自己想要的方式进行人性游戏。然后，你可以给自己一个洞见，一个觉察或让自己恍然大悟。你的体验或许和我的体验不一样。

问：既然你把这套方法称为从金钱游戏中彻底解脱，但其实它不只跟金钱有关，是吗？而是和整个人生有关，不是吗？

答：正是如此！巨大的绽放和洋溢会以你所知的金钱形式来临。不过，聪明如你，这套方法当然不只跟金钱有关，金钱只是洋溢这个形式的切入点，这个洋溢扩展到你的整个人生。

好啦，我的朋友，现在我们的旅程即将到达终点。你几乎已经收到所有拼图图片，整个景象已经呈现在你眼前，你可以清楚看见它。现在，你必须做决定。当你准备好考虑我所谓的"邀请"时，请继续阅读第十五章。

第十五章　邀请

真理一直存在着，只有谎言才必须捏造。[①]

——画家　乔治·布拉克（1882—1963）

现在，我认为人生就是我替自己写的一部美妙戏剧……所以开心演好自己的角色，就是我的目的。[②]

——演员、编剧、导演　雪莉·麦克莱恩（1934—）

当我在游乐园玩过山车时，我看到它总是慢慢开始启动的。我坐到座位上，系好安全带，等待其他游客入座。接着，过山车开始移动，起初是缓慢地移动，后来速度越来越快，沿路狂飙，上坡、下坡、转弯、绕圈。后来，过山车又慢下来，最后停在终点。当我解开安全带，起身离开过山车时，我觉得很开心，但是因为刚才疯狂的过山车经验，让我一时搞不清方向。

你阅读本书的疯狂体验，也可以这样形容吗？当你坐到座位上系好安全带，你从坎菲尔德写的推荐序和我写的介绍开始这个行程。然后，随着你发现游戏规则，你开始慢慢移动。接着，你发现学问、科学、第一阶段、第二阶段、寻宝工具和

"彻底解脱点"，你开始更迅速地移动，经过上坡、下坡、转弯和绕圈，看到最后一章时，你的移动速度又慢了下来，即将停在终点结束行程，或许你觉得既兴奋又有点搞不清方向。

所以，当你准备好重回现实世界，问题来了——现在该怎么办？

首先，你搭乘的疯狂过山车并不适合每个人。你会创造这本书并让这本书出现在你的全息图中，是因为下列三个因素中的一个：

1. 现在已经准备好进入第二阶段，这本书扮演了引爆点的角色。

2. 你打算不久后就进入第二阶段，所以你想在抵达引爆点、跃入第二阶段前，先体验一下。

3. 你想再多花一些时间进行第一阶段，但是你希望自己更清楚事情运行的真相。

如果我还在进行人性游戏第一阶段，我会认为你（人格面具）在你的全息图中具有力量，所以我会这样对你说，现在你该决定自己想做什么。但是，我现在进行的是第二阶段游戏，而且我知道你的大我已经把决定做好了。

那么，这个决定是什么？你又如何得知呢？时间会说明一切。如果这是你进入第二阶段的引爆点，你会知道的。你会收到仿佛"当头棒喝"的信号，所以不会错过它。你会觉得有人转动了你的人生开关，一切就在瞬间改变了。你开始发现我说的反常和狂野事件，真的在你的全息图中出现。你开始体验到异常强烈的不适，有一股原动力想运用寻宝工具作出回应。

如果你准备好跃入第二阶段，也可以通过本书让自己先体验一下，那么在你创造这本书之前，一切会照旧运行，但是你会觉得有一些微妙转变。当你在等待自己抵达引爆点时，你会越来越想知道自己周遭究竟发生了什么事——就像航天员等待进入宇宙飞船时，准备起飞进行太空之旅一样。

如果你想再花一点时间继续进行第一阶段，但是你希望自己更清楚事情究竟如何运行的真相，那么，情况会和往常几乎一模一样，只不过你会发现，你正运用我在第七章帮助你打开的透视力，洞悉第一阶段。如果你经历过一段疯狂之旅，却没有留下深刻改变，那是不可能的事。

重点：

不论你是否立刻抵达第二阶段，对于"那又怎样"的回答都是一样的。你做自己受到鼓舞或启发而做的事，事前事后有任何的不适，你就运用流程工具。

如果你再花一段时间继续进行第一阶段游戏，我依旧邀请你在感到不适时运用流程。你可以按照我的做法去做，或者改成更少的步骤和使用不同用语。我在从金钱游戏中彻底解脱的现场活动和书籍《转变的自学系统》中讨论过，情绪不是发生在你身上的事，而是你自己做的事。你选择如何诠释并回应自己在日常生活中经历的事件，借此选择在某个时刻有什么感觉。

在第一阶段，我们创造这个幻象，自己带着情绪坐在乘客座位，沿路无法掌控，不像坐在驾驶座可以全权操盘。即使你继续进行第一阶段的游戏，在出现不适时运用流程，然而如果你觉得自己应该有所进展，那么你可以趁机坐上驾驶座，让自己的生活更精彩。简单讲，当你继续进行第一阶段的游戏时，你可以开始创造让自己觉得更棒的幻象。

如果你停留在第一阶段并接受我的邀请去运用流程，你不必接受或相信我在这本书中提到的每件事。你只要在感到任何不适时，直接面对这种感觉，如同你在第二阶段运用流程一样。你尽可能地彻底感受不适感，承认你自己选择创造不适感，来回应看似引发不适的事件，只要确定自己这么做，你就能从中收回力量。你不必承认自己是无限存有，不必承认有人性游戏第一阶段和第二阶段，也不必承认全息图、力量、能量场、模式或彩蛋这些事，一样可以运用流程并收回力量。如果你这么做，你会发现你在第一阶段经历的情绪景象将彻底改变，你也会为进入第二阶段做好准备。如果你马上或不久后抵达引爆点，你已经备妥工具包。你知道何时使用及如何使用工具包里的寻宝工具。那么，我给你的邀请可以分为下面五个部分：

1. 耐心
2. 牢记
3. 信任
4. 赞赏和感谢
5. 洋溢

当我逐一讨论这个邀请的各个部分时，请记住我会再三强调几个重点。

耐心

为了讨论，我把第二阶段的旅程分成两个部分。其实，这两个部分是同时发生的，我只是为了讨论方便将其一分为二。第一部分是运用寻宝工具去：

* 忆起真正的自己。

* 收回力量。

* 再次确认真相。

* 急剧增加对自己身为创造者的赞赏和感谢，也增加对个人创造物和宏伟壮丽的人性游戏的赞赏和感谢。

* 让自己了解，原来自己在第一阶段如此巧妙地自欺。

我说过，运用寻宝工具开始无拘无束地进行人性游戏，本来就不是一蹴而就的。寻宝工具的设计宗旨是，需要多久时间就花多久时间，经过一段时间的应用，才能适时支持你以自己想要的方式进行人性游戏——就像啜饮美酒、品味佳肴、品读小说或欣赏戏剧那样，仔细体会大我的每一个步骤。

当你思考我刚才所做的分享，不妨参考马切莱·斯莫尔·莱特说的这段话：

你正在经历改变的开端。在这个时候，你很难放轻松，因为"改变的开端"意味着，你依然活在旧模式，但你已经看到新模式并朝着新模式迈进。为了实现新模式，你急于摆脱旧模式，并因而产生不安。不安让你的步调被打乱，让进入新模式必须立即采取的步骤的品质被降低了。所以记住，放轻松。③

或许你的经验截然不同，但是如果你和我一样，尽管有了新知识和新的觉察，有时候还是没有耐心，想要让那些被自己评判为"不好"的东西消失，或减轻感受的强烈程度，或因为一切变得太疯狂了，而拼命想要逃离第二阶段。如果发生这种情况，请温柔地对待自己，让自己休息一下。请你明白，要从第一阶段转变到第二阶段，在过渡期发生这种评判和感受，是可以理解的。只要运用流程处理这些不适感，顺其自然就好。

牢记

你要始终牢记下面这三件事，尤其是当情况似乎越来越艰难时：

1. 真正发生的事：你正大规模地收回力量、洋溢并改变，即使看起来或感觉起来未必是这样。

2. 第二阶段有关全息图的真相：一旦你进入第二阶段，全息图中的一切除了支持你进行第二阶段外，将不再重要，不再有意义，也不再稳固可靠。

3. 最终目的地：无拘无束地进行人性游戏，这个宝藏远比你听过和看过的，或以目前的角度可能想象的宝藏还要珍贵。与你自己在第二阶段真正可能做到的事相比，我先前为你做的描述实在微不足道。

如果你和我一样，你可能会为自己创造截然不同的事物。牢记上述三个重点，将能帮助你在想认输投降时，坚持下去，继续进行第二阶段的功课。

你也要记住，你不可能评判、痛恨、不喜欢，或想修改、完善创造物或让创造物消失，还能同时从中收回力量。两者是无法共同存在的活动。在你开始进行第二阶段的旅程时，当你跟随大我的带领，找到彩蛋收回力量时，很可能你还有许多评判。不过，只要你继续进行第二阶段的功课，就会发现当你继续洋溢，评判就会自然消失。

请记住，第二阶段与逻辑、理性、思考或设法把事情搞清楚无关，而与感受和直接体验有关。

你也要记住，当你深入第二阶段时，我在本书跟你分享的一切，即使是你确定自己完全了解并"懂得"的事，对你而言都会变得越来越真实，你也会以目前无法想象的方式，有更深入的了解和领悟。期待看到这些洋溢的闪光时刻，同时记得彻底体验每分每秒。

信任

尽快让自己做到信任，而且当你运用寻宝工具并通过流程洋溢时，你就能做到信任，摆脱想要控制或操纵全息图这个幻象，摆脱第一阶段的必须主动采取大规模行动让事情发生或完成的伎俩，摆脱目标、小算盘、投资成果和成效，信任大我，只要跟随它的引领。把自己交给第二阶段游戏，让大我引领你找到宝藏。

赞赏和感谢

当第二阶段向你展现，你将在指引下找到能量场中的彩蛋，你从中收回力量并瓦解模式，你的全息图也因此改变，你赞赏和感谢这一切伟大的创举。你要赞赏和感谢自己这位创造者，是你创造了自己体验到的一切；你也要赞赏和感谢你的创造物，赞赏和感谢整个人性游戏，赞赏和感谢第二阶段洋溢的美好与壮丽。

当你的智慧、力量和丰盛开始洋溢时，赞赏和感谢每一个绽放与洋溢的时刻。当你的全息图中的可能性日渐增加时，赞赏和感谢这些日渐扩展的机会。

当你体验到不适，赞赏和感谢它所带来的礼物和美好机会，让你得以收回自己的力量。如果情况看似艰难，你觉得很疲倦或压力过大，赞赏和感谢你为了欺骗自己而做此杰作，因为你根本不可能有那种感觉——只有创造幻象，能让你有那种感觉并说服自己幻象是真的。

当你看到宏伟景象越来越多地展现时，赞赏和感谢自己身为人格面具和大我（真正的你）是多么巧妙地支持自己进行人性游戏的第一阶段和第二阶段。

一旦你作出转变，活在响应模式中，每一分每一秒地过生活，做自己受到鼓舞或启发去做的事，当出现任何不适时，就运用流程收回力量，请赞赏和感谢第二阶段游戏的简单性，赞赏和感谢自己的体验最终变得如此喜悦与轻松。

当你跨越"彻底解脱点"，呈现出自己本然的无限丰盛状态，终于开始无拘无束地进行人性游戏，赞赏和感谢这个成就的宏伟壮丽，尽情地享受你触碰到的喜悦和创造的狂喜。

当你体验到这一切，体验到远超过我在此向你描述的一切，如果你赞赏和感谢我撰写这本书，支持你跃入第二阶段，请把这个赞赏和感谢转送给自己。你在全息图中创造我和这本书的幻象，提醒你自己真相为何。其实，你一直都很清楚真相是什么。这趟我们一起进行的疯狂旅程与我无关，它只与你有关。我并没有为你做任何事，这是你为自己做的事。

洋溢

你清楚地知道这本书不只与金钱有关。如果你接受我的邀请，跃入第二阶段，并运用我先前说明的寻宝工具，你一定能从金钱游戏中彻底解脱，开始"呼吸"着你的无限丰盛。

不过，你的人性游戏体验所出现的转变不会就此停止，酷炫的事会自然发生。第二阶段的洋溢并不局限于金钱和丰盛，而是会扩展到个人全息图的各个角落。如同我先前的建议，通过第二阶段的功课，你也能在个人生活的所有层面看到洋溢，并且在各方面创造既美妙又惊喜的体验。同时，你也让自己有机会运用寻宝工具，找到与金钱无关的彩蛋。

重点：

洋溢到全息图中的方方面面，这正是第二阶段游戏的名称。

现在，你准备好开始进行大家都能玩的终极冒险——人性游戏。你即将进行百年寻宝之旅，你要找的宝藏比金银财宝更贵重，也比地底下的石油、比你在全息图中看到银行余额有几百万美元更重要；你即将接触到自己无法想象的力量、喜悦、平静、满足，以及无法想象的丰盛和创造的狂喜。

不管在此途中你的全息图变成什么模样，不管你体验到什么不适，真相是，从"真正的你"的角度来看，你玩得很开心。你享受到前所未有的喜悦。你受到完全的祝福，在完全由你创造的世界里，以你自己想要的方式进行人性游戏。

我再以好莱坞电影制片为例强调这个重点。你在电影院观赏所谓的恐怖片、悲情片或动作片，剧中的角色遇到了看似不好的事，你可能评判那些经验时心想："喔，那太可怕了！"但是，电影制片人在拍电影时的经验是怎样的？他们最后看到剪接完成的影片时作何感想？应该是喜悦、感激和满足，对吧？制作电影让他们享受到前所未有的快乐！

举例来说，你在电影中看到某人被刺伤流血了，你心想：喔，好可怕！但是创造这个幻象的好莱坞特效鬼才的想法是：太棒了！瞧这伤口和流血的模样多么真实。我真的把这个工作搞定了！当你看到片中某个角色好像在受苦，扮演那个角色的演员想的却是："多么棒的演出啊！这么有说服力，好极了！"你和你的纯体验式影视剧也是这样。不管你在全息图中看到什么或经验到什么，真正的你玩得很开心并说："哇！我真的完成了那个幻象，实在太酷了。多么好玩啊！"当你在第二阶段，运用寻宝工具并继续洋溢，你就会越来越有上述感受。

　　我太太塞西丽热爱瑜伽及瑜伽教学。瑜伽课程结束时，她总会双手合掌在胸前做祈祷姿势，向学员说：Namaste。

　　接着，她向学员解释这个词的意思是：

　　我向你内在神圣的光致敬，那是临在于一切众生内在的神性，因此我们是一体的。

　　这段话为我们共同走过的这段旅程画上了圆满的句号。为什么我说这段呢？因为如果你马上、不久后或过一段时间再跃入第二阶段，我相信我们会再度相遇。

　　我们电影中见哦……

附录

把火生起后，你会添加柴火，让火焰越烧越旺。我通过现场活动和《转变的自学系统》这本书，与大家分享从金钱游戏中彻底解脱的教学内容，我还会建议或提供特定资源，支持学员进行第二阶段的旅程。在此，我想把这些资源给你，作为现在或不久后，你内在火焰之助燃柴火。我把资源分为七大类：

1. 重点
2. 电影与电视节目
3. 书籍
4. 现场活动
5《转变的自学系统》
6. 指导课程
7. 获得最新消息

重点

在整本书里，我不时强调自己说的重点，因为这些重点是彻底解脱流程的核心基础。如果你想获得所有重点的一览表，自行打印或制作成放于皮夹内的提醒卡，或放在身边提醒自己真相为何，或做其他用途，支持你进行人性游戏的旅程，详情请访问我的网站：

http://www.bustingloose.com/keypoints.html

电影与电视节目

在整合新构想时，要说明新的思考方式或新的生活方式可能是什么模样，我发现如果有视觉案例就很有帮助。因此，我建议大家看看下面这几部电影和电视节目。这些影片应该不难找到，不过为了方便查询，我也附上亚马逊网站的相关链接。有时候，链接网站因为时日太久而有所变更，如果我列出的网址无效，只要到亚马逊网站搜寻影片名称即可。

电影《楚门的世界》(*The Truman Show*)

我在本书里不时地把人性游戏比喻成一部电影。这个比喻有多么正确、多么深入，从电影《楚门的世界》就可以获得最佳的视觉诠释。如果你已经看过这部片子——最近或很久以前——你不妨从现在所知的角度再看一遍。这部影片的主角楚门由金·凯瑞扮演，电影中还有许多男女演员、导演和电视节目工作人员。楚门、导演和工作人员之间的关系涉及操控、自我控制等问题，并不适合说明你与大我的关系。撇开那些不正确的部分，不去注意它们，享受电影其他部分的情节吧。

在这部电影中有许多事适合说明第一阶段和第二阶段这个概念——不知道自己在电影中、大我如何筹划一切、让全息图中出现"场景"来支持你进行你的旅程，你看到的每个人只是依照剧本要求行事的演员等。

请参考网址 http://www.bustingloose.com/truman

电影《梦幻成真》（*Field of Dreams*）

由男影星凯文·科斯特纳主演，这部电影的内容对我在本书讨论的许多概念做了绝佳诠释，这些概念包括：

* 跟随内在指引的重要性。不管这个指引可能多么不合理或疯狂，不管你在全息图中看到或遇到多少阻挠，还是要跟随你内在的指引。
* 相信自己，也相信自己令人敬畏的力量。
* 当你完成前面两个步骤，随时进入你的无限丰盛状态。
* 即使不合逻辑，也要随时接受无论出自何处的丰盛。

请参考网址 http://www.bustingloose.com/dreams

电影《国家宝藏》（*National Treasure*）

我说过，收回力量和从金钱游戏中彻底解脱的流程，就是百年寻宝之旅。大我会给你提供线索，帮助你根据线索最后找到"宝藏"。寻宝过程中，有时你会觉得困惑、生气、失望或想放弃。你最终会发现你的宝藏，但是你必须全心全意、有毅力、勤奋不懈，就像尼古拉斯·凯奇在电影《国家宝藏》中的角色那样，根据自己的线索寻找自己的宝藏。这部电影循序渐进地说明这一切，而且从那个观点来看相当有说服力。

请参考网址 http://www.bustingloose.com/treasure

电影《致命游戏》(*The Game*)

要"震撼"你的体系，摆脱旧有信念并接触到真正自我的真相，知道事情的真正运行方式，了解自己其实多有力量，清楚大我一定会通过极端强烈的体验来支持你，电影《致命游戏》的情节就是让你惊讶地陷入这种状态中。要让那些体验具有效力，演员必须扮演好角色，说服你相信他们和他们帮助你塑造的体验都是"真的"。由迈克尔·道格拉斯主演的这部电影，说明了这些概念。我必须提醒你，这部影片相当激烈，有些情节甚至阴暗邪恶，但是，观赏电影中发生的事并感受整个能量的移动，将对你进行第二阶段旅程有帮助。

请参考网址 http://www.bustingloose.com/thegame

电影《黑客帝国》(*The Matrix*)

你必须把这部电影中有关第一阶段的情节去掉，但是，观赏这部片子对你很有帮助，尤其是其中莫斐斯和尼欧这两个角色最早的对话，用证据说明为何一切其实都是幻象。你也可以把尼欧"发现真相，觉醒成为'救世主'和展现更高的觉知和力量"的旅程，与你在第二阶段的旅程和洋溢相比。

请参考网址 http://www.bustingloose.com/matrix

电影《异次元骇客》(*The Thirteenth Floor*)

你也要将电影中有关第一阶段的情节去掉，不过观看这部电影对你很有帮助。你会了解全息图有多么真实，以及通过体验全息图可以多么真实地产生"噢因素"。

请参考网址 http://www.bustingloose.com/floor

电影《我们到底知道什么？》(*What the Bleep Do We Know?*)

这部电影中有关第一阶段的情节也请你忽略掉。电影中对你最有帮助的部分是与科学家的访谈，你会更加了解原来我们经历的一切，都是意识创造的幻象。

请参考网址 http://www.bustingloose.com/bleep

《齐哈里》(*Chihuly*)

戴尔·齐哈里是运用玻璃作为创意媒介，最前卫也最成功的艺术家之一。在这套数字光盘中，你会看到实例再三说明过着金钱与生活无关的日子，及生活在"创造的狂喜"中，究竟是什么情景——专心致志并去做带给你最大喜悦的事。从这个角度来看，这套光盘极具说服力。你也会看到他曲折离奇的人生是如何时时刻刻支持齐哈里达到这么惊人的状态并尽情挥洒人生的。

请参考网址 http://www.bustingloose.com/chihuiy

电视剧《星际迷航》(*Star Trek: The Next Generation*)

这部播映长达 7 年的电视连续剧，对第二阶段的概念做了丰富和具体的诠释，第一阶段或多或少有些失真。如果你喜欢科幻片，那么购买整套影集，在想看时就看，是很划算的。至少，你可以浏览下列网页，留意有全息体验舱 (holodeck) 的那几集，把它们多看几遍，你就知道全息图可能做到什么。

请参考网址 http://www.bustingloose.com/holodeck

或至 www.startrek.com 网站输入关键字 holodeck

这部连续剧中还有一位人物叫做"Q"，他是由神的种族组成的连续体的成员。你可以参考下列网页，了解有 Q 出现的那几集，尽可能多看几次，你就会知道无拘无束地在人性游戏乐园中玩耍的情景。Q 这个角色很喜欢恶作剧，并不是第二阶段生活情景的绝佳诠释，但是看到 Q 运行无限力量，对你是有帮助的。

请参考网站 http://www.bustingloose.com/Q

或到 www.startrek.com 网站输入关键字"Q"搜寻。

书籍

《疗愈场》(*The Field*)

琳内·麦克塔格特 (Lynne McTaggart) 著

这本书概括了有关能量场的最新研究，包括能量是什么，如何运行能量及相关科学研究。这是一本专业书籍，对某些人来说比较艰涩难懂，不过如果你想对本书提及的科学根据有更多的了解，这本书是相当宝贵的资源。

请参考网址 http://www.bustingloose.com/field

《全息的宇宙》（*The Holographic Universe*）
迈克尔·塔尔伯特（Michael Talbot）著

这本书既好看又有趣，内文深入探讨全息图这个隐喻的细节。其中最重要的部分，是全息图及我们称为"现实世界"的非现实层面的相关故事与实例。我强烈推荐你马上买一本看。

请参考网址 http://www.bustingloose.com/talbot

Q 角色的相关书籍

除了电视连续剧《星际迷航》中有 Q 出现的情节，还有一系列丛书对你有帮助。

请参考网址 http://www.bustingloose.com/qb

《摇篮到摇篮》（*Cradle to Cradle*）
威廉·麦克多诺（William McDonough）著

在本书第十三章中，我谈到无拘无束的人性游戏，以及去创造没有人想过的游戏。我的朋友麦克多诺很了不起，（当时）他并未意识到自己正在进行第二阶段游戏，但是他的例子刚好阐述"设计出没有人想过的游戏"。麦克多诺写的《摇篮到摇篮》摘述他参与的许多专案，对你会有帮助和启发。《摇篮到摇篮》这本书一开始巧妙地说明第一阶段的限制，其他部分则描述作者创造自己要进行的新游戏。《摇篮到摇篮》所用的纸张，也体现出作者正在进行一场从来没有人想过的游戏呢！

请参考网址 http://www.bustingloose.com/cradle

现场活动

或许你有兴趣参加或建议别人参加由我举办的下列现场活动。我在这类活动中将证实或补充你从这本书获得的资讯：

* 从金钱游戏中彻底解脱
* 从情绪游戏中彻底解脱
* 从关系游戏中彻底解脱
* 意识商学院
* 从身体游戏中彻底解脱

这些活动和其他活动的细节与时间表将不定期地公布，详见网站 http://www.bustingloose.com/schedule.html

《转变的自学系统》

或许你有兴趣订购我从现场活动中精心挑选，汇编出可让你在家自修的《转变的自学系统》。你也可以把这些方法推荐给你认识或你关心的人：

* 从金钱游戏中彻底解脱
* 从情绪游戏之彻底解脱

我也会定期地发表其他《转变的自学系统》，请参考网站 http://www.bustingloose.com

指导课程

另外，我为进行第二阶段旅程时想获得个别指导的人，提供指导课程。这类课程分成团体课程和一对一课程。从第二阶段的观点来说，当你参加这类指导课程时，我就是你的创造物，通过我，你可以直接跟大我对话，告诉自己那些你很想听但宁可从别人口中说出来的话。我刚开始进入第二阶段时也有一位教练帮助我，我发现那是我最特别的经验之一，也是我的旅程中相当宝贵的经验。

指导课程详情请参考网站 http://www.bustingloose.com/coaching.html

中文读者请参考网站 http://www.kaiqi.org 或百度关键词"开启指导"

获得最新消息

如果你想获得这方面的最新消息，收到我不定期寄发的电子邮件，请访问下列网站并点击跳出的对话框。

网站：http://www.bobscheinfeld.com

注释

简介

①电影《墨水心》中科妮莉亚·芬克的台词，改编自罗贝多·科特罗内奥著《夏日清晨的小孩》，鸡屋出版社，2003 年出版，第 235 页

②约瑟夫·威特菲尔德著，《永恒的质询》，美国弗吉尼亚州：罗阿诺克宝藏出版社，1983 年出版，第 120 页

第一章：金钱游戏规则

①格雷迪·克莱尔·波特著，《杰西对话录》，美国纽约：鸟瞰出版社，1985 年出版，第 22 页

第二章：三个闹心的问题

①《七嘴八舌》，美国芝加哥：拉根通信出版社，2005 年版
②《七嘴八舌》，美国芝加哥：拉根通信出版社，2003 年版
③芭芭拉·杜威著，《创造中的宇宙》，美国加州因弗内斯：巴塞洛缪图书出版社，1985 年出版，第 86 页
④同上，第 92 页
⑤索尔·斯坦著，《如何写一部小说》，美国纽约：圣马丁出版社，1999 年出版，第 8 页

⑥同上，第 10 页

第三章：好莱坞也逊色

①威廉·莎士比亚著，《皆大欢喜》，第二部分第七场

第四章：大现光明

①约翰·惠勒于 1990 年 4 月 16 日在圣塔菲机构的演讲，选自托尔·诺里特朗德著，《使用者的幻觉》，美国纽约：企业集团出版社，1998 年出版，第 10 页

②迈克尔·塔尔伯特著，《全息的宇宙》，美国纽约：哈珀·柯林斯出版社，1991 年出版，第 1 页

③芭芭拉·杜威著，《意识和量子现象》，美国加州因弗内斯：巴塞洛缪图书出版社，1993 年出版，第 9 页

④阿密特·戈斯瓦米博士，在电影《我们到底知道什么》，（21 世纪福克斯 2005 年出品）中的阐述

⑤芭芭拉·杜威著，《意识和量子现象》，美国加州因弗内斯：巴塞洛缪图书出版社，1993 年出版，第 24 页

第五章：钱是如何来的

①朱迪·嘉兰在电影《绿野仙踪》（华纳兄弟娱乐公司 1939 年出品）中扮演桃乐丝时说的

②迈克尔·塔尔伯特著，《全息的宇宙》，美国纽约：哈

珀·柯林斯出版社，1991 年出版，第 158 页

第六章：魔镜啊，魔镜

①芭芭拉·杜威著，《如你所信》，美国加州因弗内斯：巴塞洛缪图书出版社，1990 年出版，第 82 页

②爱因斯坦语，摘自霍华德·W. 伊夫著，《数学的回归》，美国波士顿：普林德尔、韦伯与施密特出版社，1977 年出版

③芭芭拉·杜威著，《如你所信》，美国加州因弗内斯：巴塞洛缪图书出版社，1990 年出版，第 9 页

第七章：开启你的透视眼

①《七嘴八舌》，美国芝加哥：拉根通信出版社，2004 年 12 月版

②《七嘴八舌》，美国芝加哥：拉根通信出版社，2005 年 2 月版

第八章：百年寻宝

①《七嘴八舌》，美国芝加哥：拉根通信出版社，2004 年 11 月版

第九章：自己做主

①《七嘴八舌》，美国芝加哥：拉根通信出版社，2004 年 11

月版

②《七嘴八舌》，美国芝加哥：拉根通信出版社，2005 年 7 月版

第十章：开始加速

①《七嘴八舌》，美国芝加哥：拉根通信出版社，2005 年 8 月版

②《七嘴八舌》，美国芝加哥：拉根通信出版社，2005 年 3 月版

第十一章：彻底解脱

①《七嘴八舌》，美国芝加哥：拉根通信出版社，2005 年 3 月版

第十二章：过来人的话

①《七嘴八舌》，美国芝加哥：拉根通信出版社，2004 年 9 月版

②《七嘴八舌》，美国芝加哥：拉根通信出版社，2004 年 7 月版

③莎士比亚著《哈姆雷特》第一部分第五场

第十三章：无拘无束地玩耍

①《好东西》，美国芝加哥：拉根通信出版社，2004 年版

②《七嘴八舌》，美国芝加哥：拉根通信出版社，2004 年
1 月版

③同上

④芭芭拉·杜威《意识和量子现象》，加州因弗内斯：巴
塞洛缪图书出版社 1993 年出版，第 27 页

第十四章：问答

①《七嘴八舌》，美国芝加哥：拉根通信出版社，2006 年 1
月版

②同上

第十五章：邀请

①《七嘴八舌》，美国芝加哥：拉根通信出版社，2005 年 5
月版

②《七嘴八舌》，美国芝加哥：拉根通信出版社，2005 年 10
月版

③马切莱·斯莫尔·莱特著，《月影下跳舞》，美国弗吉尼
亚州沃伦顿：佩兰达有些公司，1995 年出版，第 155 页

词汇说明

彻底解脱（Busting Loose）：以无限存有的本位来过生活。换句话说，你以把整个宇宙端在掌心的角度去过生活。

彻底解脱点（Busting Loose Point）：人本位和无限存有本位的分界点。人本位好比将电脑的窗口最小化，无限存有本位好比是窗口最大化，这两个界面显示存在一个分界点，显然两者无法同时存在。

纯体验式影视剧（total immersion movies）：即你从出生到现在以至于将来的整个人生历程。作者意指，你现在正在你现在的这具身体里，全身心地投入，演出你现在这个人的连续剧。

赞赏和感谢（Appreciate）：由衷地感谢和欣赏。

金钱游戏（The Money Game）："现实"生活中凡是涉及金钱的所有活动都是金钱游戏的一部分，诸如薪水、纳税、贷款、按揭、破产、拍卖、账单、小费、保险金、期货、捐赠、投资、罚款、彩票、奖金等等。

人格面具（Persona）：无限存有通过人格面具来扮演不同角色的人，即所有存在于地球上的形形色色的人。

人性游戏（The Human Game）：无限存有化身为人时的游戏，即每个人的现实生活。

无限存有（Infinite Being）：一切皆有可能的本质，圆满的自性。是在万事万物背后那个活生生的原动力，是推动日月星辰运转的宇宙推力，是让万物生机蓬勃、新陈代谢的源泉，如同让所有电器设备运行的电力，而无限存有是让电力能运行的最最本质和底层的东西。日月星辰的存在需要一定的空间，而空间的存在则需要更本质的东西来承载，实在无法描述它，勉强称之为无限存有（《道德经》上描述道的时候也是这样说：有物混成，先天地生。寂兮寥兮，独立而不改，周行而不殆，可以为天地母。吾不知其名，强字之曰道，强为之名曰大）。

响应模式（Reactive Mode）：早上醒来等着看生活中出现了什么，感觉自己有什么触动或灵感要做什么。生活中出现了什么，你就作出响应。没有小算盘、目标、计划或预期成果，没有一年计划、五年计划或十年计划。你把注意力聚焦在当下，一分一秒地过生活。

洋溢（Expand）：内在自足，向外满溢拓展、延伸的过程和状态。

大我（Expanded Self）：圆满充盈的自性，具足无穷的力量、无限的智慧和丰盛，具有满溢、付出的特性。

真我/真正的你（Self/Real You）：即无限存有。

绽放真正的自己。

译后记 / 但做好梦

一切有为法，如梦幻泡影，如露亦如电，应作如是观。

——《金刚经》

在翻译本书的过程中，我有许多的感慨、联想和反思。曾经的我，在 10 岁时，因一个回头，空身忘我，恍如隔世，从此思考人生大事。大学时，因读到百丈禅师的一句"一切言语，山河大地，一样转归自己"，狂喜三天，得悟《楞严经》一语"十方虚空在汝心中，犹如白云点太清里；况诸世界在虚空耶？"换句话说就是"世界在你心中"。用本书的话说，整个宇宙都是你创造的游戏场。如此一悟，也不难明白为何释迦牟尼佛出生时会说"天上地下，唯我独尊"。也不难明白何为《圣经》开头会说："起初，他（神）创造了天地。"

佛经和禅宗里不乏对我们真实身份的详细描述：

《般若波罗蜜多心经》：不生不灭，不垢不净，不增不减。

《六祖坛经》：何其自性本来清静；何其自性本不生灭；何其自性本自具足；何其自性本无动摇；何其自性能生万法。

马祖道一禅师：汝自家宝藏一切具足，使用自在，不假外求。

　　似乎，早在数千年前，人类意识的巅峰就被释迦牟尼佛、老庄、孔子、孟子、苏格拉底、耶稣基督、查拉图斯特拉等历史上的圣哲到达过，他们留下来的言行录就成了永恒的经典，成为指引人们达到同样精神境界的线索。在数千年后的今天，我们似乎用所谓的科学再次证实了他们共同的发现。

　　如果我们本来的身份是无穷的力量、无限的智慧和丰盛，是如此不可思议，那我们何以会被束缚在"人"的这个躯壳或身份里呢？

　　近代在西方世界传得很盛的一部经典《奇迹课程》说："本来你在圆满一体的境界里，突然升起一念'假如，假如，假如我不活在圆满一体的境界里，那会怎样？'这一念起，顿时创造了三千大千世界。"

　　美国本土的一位觉者莱斯特·利文森曾说：作为拥有无限幸福的无限存有，我们在寻求这样一种快乐："我是一个个体，独立于其他之外。"为了成就此念，我们创造了身体和物质世界。此生的地球之旅就是让我们学会或忆起我们全然的自性，全然的自由和毫无限制。

　　《开启的世界》的作者阿勋提问到：如果有一天，有一个佛想直接体验自己不是佛，而是一个凡人，会想些什么，做些什么？

　　这些都是隐藏在这个世界里的，指向真相的线索。可是如果在第一阶段，我怎么找得到？即使找到了，我读得懂吗？

似乎这一切的反思之后，又应了一句古老经典中说的话："整个宇宙都在等待你的解脱，因为那也是他的解脱。"整个宇宙就是大我，那么，就是大我在等待身为"人"的这个我的解脱。我们的幸福取决于，大多数时候，我们是觉醒于我们的大我，还是局限在重重束缚的人我。

既然如此就不难明白，为什么《零极限》里说：生命的意义在于每个时刻都能回归于爱。为了实现它，一个人需要知道，他对自己所造就的生命道路负有百分百的责任。他必须了解到，是他的想法创造了他生命中的每个当下。困扰并非来自某些人、某些事，某些情景，而是来自对这一切的思虑。他必须意识到，根本就没有"外在"这回事。

现在，你也不难明白，为什么根本没有"外在"这回事，因为世界在你心中，因为整个宇宙都是你创造的游戏场。

在这方面，拜伦·凯蒂提供的"功课"（The Work，或称一念之转）这个工具，给许多人带来了消除纠结念头的福音。许多人在使用"功课"后，发现了事实的真相，从多年的痛苦和纠结中获得了解脱和自由。非常巧合的是，拜伦·凯蒂的"功课"的第一个问题是"这是真的吗？"本书作者则直截了当地告诉你，发生在这个世界里的一切都是虚构的，都是全息图，都是幻象，都不是真的。

由莱斯特·利文森创立并传播的释放法（the Sedona

Method，或称塞多纳术），也是用几个简单的问题将你带入情绪的中心，并从中收回力量，获得更多的自由。这和本书从彩蛋中收回力量的"流程工具"有异曲同工之妙。

在禅宗里，有"悟后起修"的说法，其实说的也就是本书所谓的人性游戏第二阶段的内容。先悟到"本心、自性"，然后把各种烦恼习气、贪嗔痴等习性——转化掉，通过什么转化呢？"无执或放下"。换句话说就是本书所谓的"不评判"，不把全息图和幻象当真。

禅宗初祖达摩祖师留下了达摩禅法的心髓："二入四行。"其理入，是要舍伪归真，凝住壁观。无自无他，凡圣等一。坚定不移，不随他教。与道冥符，寂然无为。在人性游戏第二阶段，认清所有发生的一切不过是全息图，是幻象（即舍妄），认识到真相是，所有发生的一切，是具有无限可能性的能量场中的模式，被灌注能量后显化在全息图里而来的（即归真）。所有的一切都是虚构的，都是幻象，都不是真的，包括日月星辰、山河大地、你及所有人（即无自无他，凡圣等一）。你需要承诺、耐心、自律和勇气进行第二阶段的功课，跨越"彻底解脱点"，放下你的怀疑和试图想证明的种种想法（即坚住不移，不随他教）。你不需要再定计划，设定目标达成结果（即与道冥符，寂然无为），跟随你受到的启发，每一分每一秒地过生活，活在响应模式中（即活在当下，念起即行，无所住而生其心）。

在人性游戏第二阶段，当你遇到任何让自己有不适感觉的人、事、物，不再把那些当真，不纠结在全息幻象里，它们都是大我在过去放置在能量场中的模式所引发的结果，此时只要运用流程工具收回力量即可（即抱怨行：修道苦至，当念往劫，舍本逐末，多起爱憎。今虽无犯，是我宿作，甘心受之，都无怨忏。经云：逢苦不忧，识达故也。此心生时，与道无违，体怨进道故也）。

在人性游戏第二阶段，你不再设定目标，不再打小算盘，不再刻意达成特定的目标，除非你受到的鼓舞和启发让你这么做。每一分每一秒地过生活，活在响应模式里，做那些自己受鼓舞和启发而做的事（即随缘行：众生无我，苦乐随缘。纵得荣誉等事，宿因所构，今方得之，缘尽还无，何喜之有？得失随缘，心无增减，违顺风静，冥顺于法也）。

在人性游戏第二阶段，你不再为满足无穷的欲望，获得安全感等限制性的需求而做事或生活，而是纯粹为了乐趣，为了刺激和挑战才去做那些让你受鼓舞和启发的事（即无所求行：世人长迷，处处贪著，名之为求。道士悟真，理与俗反，安心无为，形随运转，三界皆苦，谁而得安？经曰：有求皆苦，无求乃乐也）。

在人性游戏第二阶段，你把注意力从创造物（大千世界纷纭众相），转移到创造者（大我，圆满的自性等）和创造过程（念起即行）上（即称法行：即性净之理也）。

　　似乎这样看，当你走上人性游戏第二阶段的旅程，也同样是踏上了行禅的旅程。只不过，你可以换一种心情过生活，你是在玩游戏！也许到此刻你还不情愿这么看。

　　最后，谈谈我是怎么创造出这本书的。当然，你也知道，我通过一个叫罗伯特·沙因费尔德的家伙写了这本书，然后一路传播，最后通过几个人，让他们告诉我要我翻译它（其实是让我能仔细地、好好地读它），于是我就翻译了。于是现在你也能看到了，你通过罗伯特·沙因费尔德写了这本书，通过我翻译了这本书，通过中国青年出版社出版了这本书，然后又通过网络或书店等方式知道了这本书，于是你拿起来读，爱不释手……

　　或许我们来到这个世界上，都像孙悟空那样，在如来佛掌（游戏场）上跳来跳去，最后在其中一根天柱旁边撒了一泡尿，然后写上："某某到此一游。"

胡尧

2015 年 10 月 13 日

真正的你是全知全能的，你有无限的丰盛、无限的创意和
无限的力量。

作者简介

[美] 罗伯特 · 沙因费尔德（Robert Scheinfeld）

二十多年来，沙因费尔德在一百九十多个国家，帮助许多人以更少的时间和努力享受更多乐趣的同时，创造出惊人的成果。他乐于帮助他人从自我限制中解脱出来，并活出充满力量的自我。

图书在版编目（CIP）数据

你值得过更好的生活 /（美）罗伯特·沙因费尔德著；胡尧译 .－－ 北京：中国青年出版社，2020.3（2025.5 重印）

书名原文：Busting Loose from the Money Game: Mind-blowing Strategies for Changing the Rules of a Game You Can`t Win

ISBN 978-7-5153-5959-5

I.①你… Ⅱ.①罗…②胡… Ⅲ.①人生哲学—通俗读物 Ⅳ.① B821-49

中国版本图书馆 CIP 数据核字 (2020) 第 035391 号

著作权合同登记号：01-2015-7076

Busting Loose From the Money Game: Mind-blowing Strategies for
Changing the Rules of A Game You Can't Win
Copyright © 2006 by Robert Scheinfeld.
All Rights Reserved
中文简体字版权由 John Wiley & Sons 授权中国青年出版社

你值得过更好的生活

作　者：	[美]罗伯特·沙因费尔德
译　者：	胡尧
插画作者：	stano
责任编辑：	吕娜
书籍设计：	瞿中华
出版发行：	中国青年出版社
社　址：	北京市东城区东四十二条 21 号
网　址：	www.cyp.com.cn
经　销：	新华书店
印　刷：	三河市万龙印装有限公司
规　格：	787mm×1092mm　1/32
印　张：	9.75
字　数：	194 千字
版　次：	2020 年 5 月北京第 1 版
印　次：	2025 年 5 月河北第 13 次印刷
定　价：	69.00 元

如有印装质量问题，请凭购书发票与质检部联系调换。联系电话： 010-57350337